最后的演讲

〔美〕兰迪·波许 〔美〕杰弗里·扎斯洛 著

吴笑寒 译

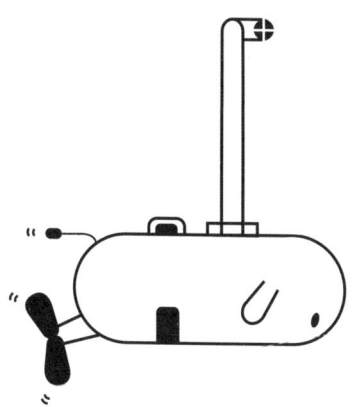

THE LAST LECTURE

南海出版公司

新经典文化股份有限公司
www.readinglife.com
出 品

感谢父母让我心怀梦想

希望我的孩子能梦想成真

洛根、兰迪、迪伦和克洛伊

目录

- 1 　推荐序　引领你的一生 · 李开复
- 10　前言 · 杰伊·波许
- 13　引言
- 15　最后的演讲
- 35　我的童年梦想清单
- 75　冒险和教训
- 125　帮助别人实现梦想
- 151　你该怎样生活
- 219　最后的话
- 239　回忆
- 246　致谢

引领你的一生

李开复

我的同学兰迪·鲍许教授[1]曾经在我们的母校卡耐基·梅隆大学做了一场风靡全美的演讲,题目是"真正实现你的童年梦想"。该演讲的视频在不同视频网站上被点播了上千万次。《华尔街日报》把这次演讲称为"一生难觅的最后的演讲"。在美国一些高校里,"最后的演讲"是著名教授退休前的最后一课。兰迪教授并没有准备退休,但是他患了胰腺癌,只剩下几个月的生命。这次演讲对他来说,竟真的是他一生中"最后的演讲"了。我的亲友纷纷在电子邮件中向我推荐兰迪教授的此次演讲。我和女儿一起看了演讲的视频。看完后,我们感动得含着眼泪,同时又因为感悟和兴奋而相视一笑。我们像每一个听过演讲或

---

[1] 即"兰迪·波许"。——编注

看过演讲视频的人一样，激动的心情久久不能平息。我通过电子邮件找到兰迪，他慷慨地答应让我们把他的视频加上中文字幕，并授权让我们把视频、讲稿和讨论与中国网友分享。

对这样一次出色的演讲，我的感触很深，也领悟到了许多东西，在这里和大家分享一下。

幽默、乐观、无惧

兰迪和我同年进入卡耐基·梅隆大学计算机学院的博士班。在学校里我们交往并不深，但是他是我们那届最出风头的学生。他外向，健谈，幽默，有表演天赋，还有很强的亲和力。在他的演讲里，我们很容易发现这些特点。

虽然兰迪已经进入癌症晚期，但他还是在演讲中保持着他惯有的幽默感。演讲开始时，他说："癌症让我比你们身材更好。"他还开玩笑说："临终的人常会在死前信奉宗教。我也是这样。前几天，我买了一台苹果电脑。（我现在信奉苹果教。）"

我们常说，乐观的人看到半杯水时，总会说杯子是"半满"而不是"半空"。乐观的兰迪教授甚至在杯中只剩一滴水时，也依然能看到那仅存于最后一滴水中的美，并因此而感恩。也正是因为有了这样的乐观天性，他才能够在自己的生命结束前，留下这样一次"照亮他人"的"人生作品"。

兰迪说："对于无法改变的事情，我们只能决定如何应对。我们不能改变手里的牌，但是可以决定如何出牌。"这充分体现出他乐观进取的心态和宽广的胸襟。我想，任何人如果有了这样的心态，无论是面对病痛的折磨还是人生的失意，他都能用一次次漂亮的出牌实现自己最大的价值。

你的梦想，自己会来找你

兰迪教授此次演讲的主题是"真正实现你的童年梦想"。他谈到，小时候他的梦想是在嘉年华盛会上赢得超大型的动物玩偶，体验"零重力"的环境，参加全国橄榄球联盟的比赛，当《星际迷航》中的柯克船长，为百科全书撰写内容，以及加入迪士尼幻想工程团队设计迪士尼乐园的云霄飞车。这些梦想看起来杂乱无章，但是，在那些纯真的孩子的心里，这些东西才是最真实、最不受外界影响的渴望。而对这些梦想的追寻就是follow your heart（追随真心）。

我和兰迪电子邮件交流中谈到如今许多年轻人把"财富"当作自己的梦想。他说："只有极端缺乏想象力的人才会把财富当作自己的童年梦想。"何况，研究结果告诉我们，追寻你真正的梦想反而比追逐财富可能得到更多财富。

兰迪教授感谢他的父母，因为是父母让他成为一个心中有梦想的孩子，并给他创造了一个宽松的成长环境，鼓励他尝试和创新，帮助他建立自信心。他的父母甚至让他在自己房间的墙壁上随意涂鸦。是他父母创造的良好环境让他的梦想得以清晰呈现，并在一生中不断督促、引导他前进。如果每个人都像兰迪那样从小心中有梦，那么"你的梦想，自己会来找你"。

令人惊讶也令人羡慕的是，兰迪这些儿时的梦想后来竟然大部分都实现了。其实，这些看似荒诞不羁的梦想反映了他潜意识中隐藏的人生理想，也折射出他特有的思维方式与个性特点。例如，写百科全书的梦想意味着他希望做一个学识渊博的人，想体验零重力的环境体现他的好奇，为迪士尼乐园设计云霄飞车的梦想代表了他对高科技的痴迷，而参加全国橄榄球联盟比赛的梦想则反映出他对团队、运动和竞争的兴趣。这些个性特质、思维方式和人生理想最终成就了今天的兰迪。

砖墙挡不住追梦人

在追寻梦想的途中，肯定会困难重重。兰迪教授在演讲中不止一次地使用一面咖啡色的砖墙来代表较难克服的困难。在追寻梦想的过程中，这面墙常常挡在我们面前。但这面墙所能够挡住的其实是那些没有诚意、不相信童年梦想的人！兰迪教授说："墙之所以存在是有原因的，它不是为了阻拦我们，而是为了给我们一个机会来表现自己的愿望有多强烈。"

兰迪教授认为，要得到砖墙后面的宝藏，你必须想尽办法，努力工作，还需要甘冒风险，克服自己的惰性，离开自己的"安乐窝"，积极主动地去争取和开拓。例如，当年轻的兰迪收到卡耐基·梅隆大学的拒绝信时，他想尽办法安排了一次与卡耐基·梅隆大学计算机系主任见面的机会，并当面说服了那位系主任，使之收回成命，录取了他。

兰迪教授的一个梦想是进入迪士尼的幻想工程团队设计云霄飞车。虽然他多次收到迪士尼公司寄给他的拒绝信，但他没有气馁，并保留这些拒绝信，用它们激励自己继续努力。终于有一次，兰迪得到向国防部长介绍虚拟现实发展情况的机会，他借此给迪士尼幻想工程团队打电话要材料，得到幻想工程团队负责人乔恩·斯诺迪的联系方式，还约到了乔恩一起吃午饭。为了这次见面，兰迪花了八十个小时做准备。最终，他就得到了幻想工程团队的工作邀请。

兰迪只有一个梦想没有实现——他没能成为职业橄榄球运动员。但是他认为，从这个没有实现的梦想中得到的东西，可能比从已经实现的梦想中得到的还要多。他虽然没有成为职业球员，但是打球帮助他建立了信心，培养了努力的习惯，提高了团队合作的能力。对此，他总结说："如果你非常想要某一样东西，而你努力过了却没有得到它，那么你收获的就是宝贵的经验。"

最伟大的事：做老师，助人圆梦

如果完成梦想是重要的目标，那么，什么是伟大的目标呢？在兰迪看来，帮助别人完成梦想，做个助人圆梦者是真正伟大的目标。兰迪说："随着年龄增长，我发现帮助别人实现梦想其实更有意思。"

从这个意义上说，老师往往是最好的"助人圆梦者"。兰迪教授特别感谢他的恩师引导他肩负起教育这个伟大的任务。他的恩师曾对他说："你太擅长推销了，如果去企业工作，他们肯定会让你当推销员。不让你推销有价值的东西太可惜了。你还是做教授去推销教育吧！"

成为教授后，兰迪在卡耐基·梅隆大学开了一个"圆梦"的课程，让各种科系的学生在一起用虚拟现实技术，开发一项完成童年梦想的项目。为了这个做"圆梦者"的机会，他最后拒绝了幻想工程团队的邀请。为了长大后发现的新梦想，他放弃了儿时的梦想。但是，如果不是追逐儿时的梦想，他又怎么会找到长大后的新梦想呢？

在他的"圆梦"课程中，一批学生只用了两个星期就完成了一般团队要做一个学期的项目。对此,兰迪倍感惊讶,但他只是对学生们说:"你们做得不错,但是我知道,你们可以做得更好。"有这样的老师,学生不但可以实现梦想,甚至可能超越梦想。

我曾经雇用过一名兰迪的学生。他对我说:"兰迪是我所见过的老师里面最有激情的,他能够用生动有趣的例子解释复杂的科技。更重要的是,他真的在乎他的学生,他希望他们能发挥自己的潜力,实现他们的梦想。"

心存感激,心存包容

兰迪有一颗感恩的心。他鼓励我们随时心存感激,多想别人,少想自己。他在演讲中说,昨天是他妻子的生日,为了准备此次演讲,他没有好好帮妻子过生日。随后,他当场推出了一个大蛋糕,请他妻子上台,亲自唱"祝你生日快乐",以此来表示对妻子的感谢。

他对他的恩师也心存感激。他记得,当他是一个不讨人喜欢又自以为是的本科生的时候,他的恩师利用和他散步的机会,亲切地搂着他肩膀说:"兰迪,有人觉得你很傲慢。这真遗憾,因为这样会限制你的发展。"这句话改变了他的一生。

此后,在兰迪的工作和生活中,他不但处处心存感激,而且善于包容他人。他说，如果不是当时老师包容他，耐心地劝他，而只是批评他，他的傲慢可能一辈子都不会改过来。有些人让你生气，但只要你有足够的耐心，就总能发现他们性格中闪光的地方。他说："如果有人让你感到挫败、让你生气，可能只是因为你还没有给他们足够的时间。"在这里，包容是感恩的第一步。

兰迪教授的感恩之心，以及他的真诚打动了他周围的人。我的一位朋友参加了那次演讲，他说："我从来没有见过那么多成年人在一起失控并痛哭。连我们最严肃的校长和一位最严厉的教授都被他打动而失声落泪。"我的朋友还说，兰迪曾经花很多时间帮助少数民族，资助贫困的亚洲国家的教育，希望给更多的人实现梦想的机会。

引领你的一生

关于此次演讲，兰迪教授有两个结论：

第一："今天的演讲不是讲如何实现你的梦想，而是如何引领你的一生（lead your life）。如果你正确引领你的一生，命运自会有其安排。"

我认为"lead your life"这句话既简短有力又意味深长。"lead your life"而不是"live your life"，也就是说，不要只"过一生"，而是要用你的梦想引领你的一生，要用感恩、真诚、助人圆梦的心态引领你的一生，要用执着、无惧、乐观的态度来引领你的一生。如果你做到了这些，命运会给你你所应得的一切。

孔子说："未知生，焉知死。"而兰迪仿佛想通过他的"最后的演讲"告诉我们："如果你尽力地去实现你的梦想，那你才是真正地生活过了。对一个曾经真正生活过的人，死亡是一点儿也不可怕的。"

第二：这次演讲不仅仅是为现场的人准备的，"也是为我的孩子们准备的"。

这是多么珍贵的遗产呀！我相信他的三个孩子会依据他"最后的演讲"来引领他们的一生。我也相信，经过互联网的传播，更多的孩子会因为看过兰迪的"最后的演讲"，而去追寻自己的梦想和更加精彩的一生。

当时十一岁的女儿看完"最后的演讲"后告诉我："我要写下我童年的梦想。"我拍拍她的头，赞赏她的计划。她又说："我可以去画我房间的墙壁吗？"我提醒她："你小时候画得还不够吗？"她吐吐舌头说："我知道。谢谢你以前让我画。"

希望我们的孩子能和兰迪的孩子一样，用梦想引领他们的一生。

前言

杰伊·波许

二〇〇八年四月《最后的演讲》问世的那天,我带着兰迪去橄榄园餐厅吃午饭,点了香槟庆祝。之所以庆祝,不是因为这本书——你拿在手里的这一本——销量好或是在亚马逊的排名高,而是因为它的出版本身就是成功。兰迪在讲述他的故事时,倾注了许多心血和情感。他和杰弗里·扎斯洛努力协作,整理了人生中的经验教训,那些他特别希望留给我们的孩子和其他人的经验教训。过去几个月里,我和兰迪一直在寻找能延缓癌症扩散的药物疗法,兰迪和杰弗里的这项工作让我们在紧张的治疗中得以喘息。

在抗癌过程中,兰迪已经试过很多种化疗,或多或少都有点儿成效。然而,最后一次化疗对他的健康造成了很大伤害,引发了肾功能衰退和充血性心力衰竭,十分危险。兰迪在医院住了四天才恢复过来，但还是感觉很糟：嗜睡，虚弱，没有胃口。希望这本书的出版能让他振作一点儿。

午饭后，我们去了本地的书店，这样兰迪就可以看到陈列在书架上销售的《最后的演讲》了。我们在书店里寻找有火箭和星星的显眼棕色封面，这时我发现，这次出门已让兰迪筋疲力尽。所以找到他的书后，我给他拍了张照，然后就带他离开书店回家休息了。兰迪能完成这本书，成为有作品出版的作家，我为他感到骄傲。更值得骄傲的是，医生最初预估他仅剩三到六个月的生命，而那时已是他确诊后的第七个月了。

不仅是书的出版振奋了兰迪的精神，读者热情的好评对兰迪来说比医生开的任何药都管用。这么长时间以来，兰迪一直在做他所能做的一切，好为家庭的未来增添一份保障。做讲座和写书都是他给孩子留下的财富，告诉孩子他本该亲自教给他们的人生道理。但是现在，兰迪发现他的努力不仅影响着自己的小家庭，还影响了远超他所料的庞大群体。兰迪喜欢热心地帮助别人，老实说这是从他父母那儿学来的，他们从不吝惜自己的时间和金钱来帮助他人。他成为教授和研究员的初衷便是改善年轻人的生活。《最后的演讲》的成功给了他巨大的成就感，让他收获了平静，这对日渐衰弱的他来说意义重大。

尽管兰迪已于二〇〇八年七月二十五日去世，但时至今日，仍有许多素未谋面的人联系我,告诉我兰迪的书有多么感人,如何改变了他们的生活。我收到了充满鼓励的信件和卡片,它们会帮助我克服失去兰迪的痛苦和悲伤。人们还在卡片中祝我生日快乐、圣诞快乐或是新年快乐。这些人仍然记挂着我们一家,他们对我们的关心让我十分感动。

时至今日,兰迪的精神仍然激励着人们在生活中践行他的理想和目标,这让我很吃惊。为了纪念兰迪这个业余球员在橄榄球场上的一段段经历,一个橄榄球教练把奖颁给了比赛中最投入的那个孩子,而不是最有价值的球员。无数教师在课堂上使用《最后的演讲》这本书,现在它已经成为美国多所大学的新生指定读物。我收到了许多大学生的来信,他们亲口告诉我哪个故事对他们影响最大,哪些忠告让他们产生了共鸣。兰迪留下的礼物多么美妙,在他去世后还能继续对别人产生巨大而积极的影响,他要是知道这一切,该有多开心。

失去兰迪的这几年非常难熬,我不会否认这一点,也不会轻描淡写地带过。尽管失去兰迪极其悲伤,我和孩子们还是会发掘生活的欢乐和别人的优点,就像兰迪所做的那样,就像兰迪所希望的那样。出于对兰迪的敬意,这是我能教给他们的最好的道理。

引言

我的机能出了点儿问题。

尽管我的身体情况大体来说还算不错,但是肝部长了十个肿瘤。我的生命只剩下几个月了。

我是三个年幼孩子的父亲,妻子是我的梦中情人。我当然可以整天自怨自艾,但这么做对他们或我自己都于事无补。

那么,我该如何利用好这段余下的非常有限的时间呢?

我明显该做的是:和家人厮守,照顾好他们。趁我还有机会的时候,陪伴他们度过生活中的每一个瞬间,还得做一些力所能及的合乎情理的事,让他们能够适应没有我的生活。

还有一件没那么明显的事:该如何在这段时间内把我本打算花二十年教会孩子们的东西教给他们。他们现在还太小,有些事还没法和他们谈。所有的父母都想教孩子们明辨是非,教他们什么才最重要,教他们怎样应对生活中的挑战。我们还想告诉他们自己人生中的一些故事，通常是为了教他们如何过好这一生。这个愿望促使我在卡耐基·梅隆大学开设了"最后的演讲"这个讲座。

通常，这些讲座都会录像。我知道自己那天做了些什么。我表面上是要做一场学术讲座，其实是想把自己放进漂流瓶，等着某天被冲上沙滩，被我的孩子们捡到。如果我是画家，我会给他们留下画作。如果我是音乐家，我会为他们写一段乐章。但我是一名讲师，所以我做了一次演讲。

我讲到了人生的乐趣，讲到了即使所剩时日不多，我依然热爱生命。我谈到踏实、正直、感激，还有其他令我珍视的东西。我尽量让自己的讲座不那么无聊。

这本书是我在台上所讲内容的延续。由于时间宝贵，我想把所有时间都用来陪伴孩子，于是向杰弗里·扎斯洛寻求帮助。每天，我都在家附近骑车，因为运动对我的健康至关重要。在五十三次长途骑行中，我都戴着耳机和杰弗里通电话。他花了无数个小时帮我把这些故事——我想我们可以称之为五十三次"演讲"——变成了这本书。

我们从一开始就知道，书和演讲都无法取代活生生的父母。但是我的计划并不是寻找完美的解决方案，而是利用有限的资源做到最好。我的演讲和这本书都是为了达到这个目的。

最后的演讲

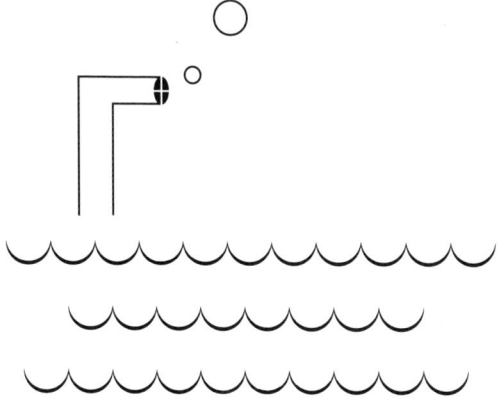

受伤的雄狮还能咆哮

许多教授都开设过题为"最后的演讲"的讲座，你或许也听说过类似的演讲。

在大学里，这种讲座十分常见。教授们应邀谈论在生命即将结束时，对他们而言什么才最重要。他们演讲时，听众都不禁会琢磨：如果这是最后的机会，我们会带给世界怎样的智慧？如果我们明天不得不消失，又想留给这个世界什么样的遗产呢？

多年来，卡耐基·梅隆大学一直有举办"最后的演讲"系列讲座的传统。但是，当组织者终于邀请我去演讲的时候，他们已经把这个系列改名为"旅程"了。"旅程"讲座请被选中的教授"谈谈对人生和职业旅程的思考"。这种说法并不怎么令人兴奋，但我还是接受了邀请。我的演讲定在了九月。

那时我已经被诊断出了胰腺癌，但还抱有一丝希望：或许我能成为活下来的幸运儿之一呢。

我接受治疗的过程中，讲座的组织者一直在给我发邮件。"您准备谈些什么？"他们问，"请提供一份摘要。"学术界的这些繁文缛节无法避免，即便你正在忙别的事，比如设法活下去。到八月中旬，他们告诉我必须印刷演讲的海报了，所以我得定下题目来。

然而就在那一周，我得知之前的治疗并没有什么成效，我的生命只剩下几个月了。

我知道我可以取消这次讲座，大家都会理解的。突然间，我多了许多事情要做。我必须平复自己的伤痛，以及那些爱我的人的伤痛，还得专心地将家里的事安排好。尽管如此，我还是不想放弃这场演讲。想到能发表一次真正的"最后的演讲"，我就充满干劲。我能说些什么？听众又会有什么感想？我能坚持到演讲结束吗？

"如果我退出，他们会理解的，"我对妻子杰伊说，"但是我真的很想做这场演讲。"

杰伊一向很支持我。对于我热衷的事情，她也会拿出同样的热情。但是对于"最后的演讲"这个主意，她有些迟疑。我们才从匹兹堡搬到弗吉尼亚州的东南部，这样在我离开后，杰伊和孩子们能住得离她的家人近一些。杰伊认为我应该把宝贵的时间用来陪伴孩子或收拾新家，而不是贡献给写讲稿，然后

洛根、克洛伊、杰伊、我和迪伦

长途跋涉回匹兹堡演讲。

"就算我自私吧,"杰伊对我说,"但是我想让你把心思都放在家里。你花在演讲上的时间都是一种浪费,因为不是和孩子们、和我在一起。"

她这么说,我很理解。从生病开始,我就对自己发誓,要听杰伊的话,尊重她的想法。我要尽我所能地减轻这场疾病给她的人生带来的负担,这是我的使命。这也是为什么我只要清醒着,都在为我的家庭计划未来,计划没有我的未来。然而,我还是无法抑制去做这场"最后的演讲"的冲动。

在整个学术生涯中,我做过几次相当不错的演讲。但是,我能成为计算机科学系最好的演讲者,就和身为七个小矮人里最高的那个差不多。那时我就觉得,自己还有很多话可说,如果我能在讲座中全都说出来,也许能给人们留下一些特别的东西。说是"智慧"有些夸张,但那可能就是智慧吧。

杰伊还是不太高兴,最后,我们去找了心理咨询师米歇尔·赖斯。她的专长是帮助有身患绝症的成员的家庭,我们这几个月都在她那里接受治疗。

"我了解兰迪,"杰伊对赖斯医生说,"他是个工作狂。我知道他一旦开始准备演讲,就会变成什么样子。这样太费时费力了。"她觉得我们当前要处理的事已经够多了,演讲只会无谓地分散精力。

还有一件事困扰着杰伊。想要如期演讲，我必须提前一天飞回匹兹堡，而那天正好是杰伊的四十一岁生日。"这是我最后一次和你一起过生日了，"她对我说，"你真的要在这一天丢下我？"

当然，想到在那天丢下杰伊一个人，我也很痛苦，但还是不愿放弃这场演讲。我将这次讲座视为我职业生涯的最后时刻，我告别职场的一种方式。我还把最后的演讲想象成棒球场上即将退役的击球手奋力击出的一记本垒打。我一直很喜欢《天生好手》中的最后一幕——年老的球手罗伊·霍布斯流着血，奇迹般地击出了一记漂亮的本垒打。

听了杰伊和我的话，赖斯医生说，她在杰伊身上看到了一位坚强而富有爱心的女性，这位女性本来准备和丈夫共度一生，将孩子养育成人，而现在却不得不把一生压缩成几个月来过。在我身上，赖斯医生看到了一个还未完全准备好回归家庭生活的男人，当然更未准备好面对死亡。"对我关心的许多人来说，这次演讲是他们最后一次见到活着的我的机会。"我直截了当地告诉她，"现在，我还有机会好好思考究竟什么对我最重要，决定我死后别人怎么看我，在离开这个世界前做些力所能及的好事。"

我和杰伊坐在赖斯医生办公室里的沙发上，紧握对方的手，流着眼泪。这样的场景赖斯医生见过不止一次，她告诉我们，她能看出我们非常尊重彼此，承诺好好度过在一起的最后时光，这也让她发自肺腑地感动。但是她说，我去不去演讲她不便插手。"你们必须自己做决定。"她说，还鼓励我们认真聆听彼此的想法，这样才能做出双方都能接受的决定。

鉴于杰伊一直不愿表态，我知道我必须诚实地面对自己的动机。为什么这次演讲对我如此重要？是为了提醒所有人，我还好好活着？是为了证明我依然有勇气演讲？还是一个爱出风头的人想最后卖弄一番？上述原因都有一点儿。"一头受伤的雄狮想知道他还能不能咆哮。"我对杰伊说，"这事关尊严，事关自尊，却和虚荣没有关系。"

当然还有别的原因。我早已将这次演讲看成自己走进未来的方式——走进那个我再也看不到的未来。

我让杰伊想想孩子们的年纪，他们分别是五岁、两岁和一岁。"你瞧，"我说，"迪伦现在五岁，我想他长大后大概对我还有点儿印象。但是他又能记得多少呢？五岁时的事，你和我又能记得什么？迪伦会记住我怎么陪他玩，还是会记住我们为什么笑？最多就是有些模糊的记忆罢了。

"洛根和克洛伊呢？他们可能根本就没有任何记忆，什么都不记得。特别是克洛伊。我可以这么告诉你，这些孩子长大以后，会经历一个让他们非常痛苦的阶段，他们想知道：'我爸爸是谁？他是什么样的人？'而这个讲座能给他们一个答案。"我对杰伊说，我会让卡耐基·梅隆大学录下这次演讲。"我会给你一张DVD。等孩子们长大后，你就可以给他们看看。这会让他们了解我是谁，我在乎什么。"

杰伊听完我的话，问了一个显而易见的问题："如果你有话想对孩子们说，或是想给他们些建议，为什么不支起三脚架，放上一台摄像机，然后就在客厅里录下来？"

她或许抓住了我的漏洞，又或许没有。就像雄狮的自然栖息地是丛林一样，我的自然栖息地是大学校园，是在学生的面前。"我学到了一件事，"我和杰伊说，"就是当父母告诉孩子们一些事时，有一些来自外界的证据没什么坏处。如果我能让听众适时地发笑和鼓掌，或许就能让孩子们觉得我说的话更有分量。"

在杰伊眼中，我大概是一个死到临头还想出风头的人，她对我笑了笑，最后还是做出了让步。她知道我一直在想方设法给孩子们留下些什么，这次演讲可能就是答案。

就这样，杰伊同意了，我也面临着一个挑战：怎样才能让这场学术讲座在十年或是更久以后的未来，令我的孩子们产生共鸣呢？

我确定自己不想让癌症成为演讲的焦点。我的抗癌故事就是那么一回事,我已经完全把它抛到脑后了。诸如我是如何对抗疾病的,或者疾病给了我怎样的启发,这样的话题我也没什么兴趣谈。不少人可能会以为这场演讲是关于死亡的,但它只能是关于生存的。

* * *

"我的与众不同之处在哪里?"

我认为这是必须谈到的问题。或许答出这个问题,就能帮我理清演讲的思路。我和杰伊坐在约翰·霍普金斯大学的候诊室里,等着拿病理报告时,我跟她谈了谈自己的想法。

"癌症并没有让我与众不同。"我说。这一点无可争议。每年仅仅是确诊为胰腺癌的美国人就超过三万七千位。

我绞尽脑汁想着该怎样定义自己:一位教师,一名计算机科学家,一位丈夫,一位父亲,一个儿子,一个朋友,一位兄弟,一位学生的导师?这些都是我珍视的角色。但是这些角色里,有哪一个让我与众不同吗?

虽然我总是自我感觉良好,但是这次演讲不能只靠虚张声势。我问自己:"仅仅作为自己,我真正要说的是什么呢?"

那时,就在那个候诊室中,我突然知道我到底要说什么了。

我的脑海中闪过这样一个想法：无论我有何成就，我热爱的一切全都来自儿时的梦想和目标……来自我在实现几乎所有梦想和目标的过程中使用的方法。我意识到，我的与众不同来自于我所有的梦想——它们有的非常有意义，有的则相当古怪——它们定义了我四十六年的人生。我坐在那里，心想除了患上癌症外，我还算幸运，因为我的梦想都实现了。而我能实现这些梦想，很大程度上是由于在人生道路中有众多优秀的人给过我指导。如果我能饱含激情地诉说我的故事，或许能帮助其他人找到实现自身梦想的道路。

在候诊室等待的时候，我把手提电脑也带在了身边。在乍现的灵光的驱使下，我很快写了封邮件，发给了讲座组织者。我告诉他们，我终于想到了演讲的题目。"对不起，耽误了些时间，"我写道，"题目就叫'真正实现你的童年梦想'。"

电脑中的一生

你是如何归类自己的童年梦想的?怎样才能让别人也重新拾起他们的梦想?作为一名科学家,我一般不会在这些问题上纠结。

在弗吉尼亚的新家里,我在电脑旁坐了整整四天,浏览着一张张幻灯片和照片,把它们制作成一份演示文稿。我一直认为视觉对于思考很重要,所以没有为这次演讲准备文本——不会有演讲稿。但是我收集了三百张家人、学生和同事的照片,还有几十张不同寻常的插图,用以阐明我关于童年梦想的想法。我在其中几张幻灯片上加上了几句话——一些小建议和格言。一旦我站上演讲台,这些话可以提示我该说些什么。

准备演讲时,我每过九十分钟左右就会从椅子上站起来,和孩子们玩一会儿。虽然我已经在努力陪伴家人,但杰伊还是认为我花在演讲上的时间太多了,特别是考虑到我们才搬进新家，她自然希望我能去整理一下堆得到处都是的箱子。

起初，杰伊并不准备参加这个讲座。她觉得她应该和孩子们留在弗吉尼亚，处理搬家以后的种种事情。我一直说"我希望你在场"。事实上，我真的需要她在那儿。所以她最后还是答应在演讲当天早上飞往匹兹堡。

但是我必须提前一天到达匹兹堡。九月十七日杰伊四十一岁生日的那天，下午一点三十分，我与她吻别，开车去了机场。在前一天，我们在她兄弟家举行了一场小型派对为她庆祝生日。但是，我的离去还是让杰伊感到不愉快，这提醒着她从这个生日开始，以后的生日都不会再有我的陪伴了。

飞机降落在匹兹堡后，我在机场和朋友史蒂夫·希伯特碰了面。他是从洛杉矶飞过来的。数年前我在艺电公司——一家电子游戏公司——休学术假时，史蒂夫是那里的主管。我们就是那样认识的，后来成了亲如手足的朋友。

史蒂夫和我拥抱了一下，我们租了辆车，然后一边分享着黑色幽默一边开车离开了机场。史蒂夫说他才去看了牙医，我便炫耀自己再也不用看牙医了。

我们去了一家当地的小餐馆就餐，我取出手提电脑放在桌上，迅速浏览着我的幻灯片——现在已经删减到二百八十张了。"还是太长了，"史蒂夫对我说，"没有人能活着听完你的演讲。"

一个服务员来到我们桌旁，正好看到电脑上孩子们的照片。她三十多岁，一头浅金色的秀发，正怀着孕。"好可爱的孩子。"她说，还问了他们的名字。我告诉她："这是迪伦，这是洛根，这是克洛伊……"服务员说她女儿的名字也叫克洛伊，这样的巧合让我们相视而笑。我和史蒂夫继续翻阅演示文稿，史蒂夫帮我挑出演讲的重点。

服务员给我们上菜时，我恭喜她怀孕了。"你一定特别开心吧。"我说。

"并没有，"她回答，"这是个意外。"

她离开后，我不禁为她的坦白而震惊。她随口说出的一句话提醒了我，我们的诞生和死亡中都存在偶然因素。她虽然是意外怀孕，但以后一定会喜欢这个孩子。而我意外患上癌症，留下的三个孩子在成长过程中将会失去我这个父亲的爱。

一个小时后，我一个人在酒店房间里删除照片、调整顺序，孩子们的身影却在我的脑海中挥之不去。房间里的无线网不太稳定，这让我有些恼火，因为我还要在网上找图片。更糟糕的是，前几天化疗的副作用发作了，我开始抽筋、腹泻，感到恶心。

我一直工作到午夜才睡下，然而凌晨五点就在惊恐中醒来。我担心演讲不成功。我对自己说："当你想在一小时内说完你一生的故事，这就是你的下场！"

我一直在斟酌，反复思考，调整结构。到上午十一点，我感到自己的演讲更有条理了，也许这次可以成功呢。我洗了个澡，换好衣服。到了中午，杰伊从机场过来，与我和史蒂夫共进了午餐。午餐时的谈话很是严肃，其间史蒂夫发誓会帮忙照顾杰伊和孩子们。

下午一点半，在我度过了大半辈子的校园里，一间计算机实验室以我的名字命了名。我参加了实验室的揭幕式，见证了我的名字被刻在实验室的大门上。下午两点十五分，我在办公室里又感到一阵不适——我觉得自己筋疲力尽，因为化疗而犯恶心，还想着上台前需不需要穿上成人纸尿裤。为防万一，我把成人纸尿裤也带来了。

史蒂夫说我应该在办公室的沙发上躺一会儿，我照做了，但是把手提电脑放在了肚子上，这样就可以继续修改。我又删除了六十张幻灯片。

下午三点半，来听讲座的人已经开始排队。到了四点，我从沙发上起身，拿起演讲用的道具，穿过整个校园，走进了演讲的礼堂。还有不到一个小时，我就得上台了。

房间里的大象[①]

杰伊已经到礼堂了——出人意料的是，礼堂里的四百个座位坐得满满当当。我迈上舞台，查看讲台的状况，把需要用的东西整理好。杰伊能看出我有多紧张。在我忙着摆放道具时，杰伊注意到我几乎不和任何人有目光接触。她觉得我不敢直视听众，以免看到朋友或者以前教过的学生，这样的目光接触会让我情绪失控。

在我做准备时，听众中发出了一片窃窃私语。有的人只是来看看一位即将步入死亡的胰腺癌患者是什么样子的，他们自然会有些疑问：我头上的不是假发吧？（不是，我在化疗中没有掉头发。）我演讲时，他们能感受到我离死亡有多近吗？（我的回答是："等着瞧吧！"）

---
① 英文谚语，指像房间里的大象一样显而易见，却没有人愿意承认或所有人都视而不见的事。

演讲还有几分钟就开始了,我却还在讲台上磨磨蹭蹭,删掉一些幻灯片,调整其余幻灯片的顺序。收到可以开始的提示时,我还在忙着摆弄幻灯片。于是有人对我说:"可以开始了。"

* * *

我没有穿西装,没有打领带,也不准备穿那种职业装——那种肘部有皮质补丁的粗花呢外套。相反,我选了衣柜里最贴近童年梦想的衣服作为演讲的服装。

确实,我乍一看像是免下车快餐店的点餐员。但事实上,我这件短袖马球衫上的标志象征着荣誉,因为这是迪士尼的幻想工程师才能穿的——这些艺术家、作家和工程师共同创造了充满幻想的主题乐园。一九九五年,我休了六个月的学术假,在此期间成为一名幻想工程师。这是我一生的亮点之一,让我实现了童年的梦想。因此,我还戴了一个椭圆形的"兰迪"名牌,它是我在迪士尼工作时得到的。这是对那段人生经历的致敬,对沃尔特·迪士尼本人的致敬,他有一句名言:"只要敢于梦想,你就能成功。"

我感谢听众们的到来,开了几个玩笑,然后说:"可能有人是无意间走进来的,不知道这个讲座的背景故事。我父亲总是教育我，得先介绍清楚'房间里的大象'。如果你看看我的CT扫描，就会发现我的肝上有十个肿瘤。医生说我还剩三到六个月的生命。而这已经是一个月以前的事了，你们可以自己算一算。"

我将一张巨大的肝部CT扫描图切换到屏幕上。幻灯片的标题是"房间里的大象"，为了便于听众理解，我还插入了红色的箭头，指向每一个肿瘤的位置。

我在这张幻灯片上停留了一会儿，好让听众跟着箭头数我的肿瘤。"好了，"我说，"对于无法改变的事情，我们只能决定如何应对。我们不能改变手里的牌，但是可以决定如何出牌。"

那一刻，我无疑受到了肾上腺素的刺激和现场听众的鼓舞，感觉自己像是变回了以前那个健全的兰迪。我知道自己表面看来非常健康，也知道有些人很难将这样的我与将死之人画上等号。所以我说："如果我不像你们想象的那样沮丧抑郁，不好意思让你们失望了。"听众笑完之后，我补充道："我向你们保证，我并不是在否认现实，我知道现在的状况。"

"我们全家——我和妻子以及三个孩子才刚刚搬完家。我们在弗吉尼亚买了套漂亮的房子，之所以这么做，是因为定居在这里对我家人的未来更好。"我展示了一张幻灯片，上面是我们刚买的那座位于郊区的新房。图片上的标题写着"我没有否认现实"。

我的重点在于：我和杰伊决定举家搬迁。在我的请求下，她离开了喜爱的家和关心她的朋友们，带着孩子离开了他们在匹兹堡的玩伴。我们本来可以在匹兹堡过安稳的生活，等待我的死亡，但是我们选择收拾好一切，投身到自己引发的龙卷风之中。做出这个决定是因为我们知道，一旦我去世，杰伊和孩子们需要住在她的娘家附近，以便得到他们的帮助和关爱。

我还想让听众知道，我看起来挺健康，自身感觉也不错，部分是因为我的身体已经开始从那些让我变得虚弱的化疗和放疗中恢复。目前，我接受的是比较容易忍受的姑息治疗。"我现在的健康状况非常好，"我说，"我的意思是，人们的认知和实际情况有时会出现偏差，最好的例子就是，我现在看起来状态很好。事实上，我表面的状态目前比你们大多数人都要棒。"

我从舞台一侧走向中心。几个小时之前，我还不知道自己是否有力量去完成即将要做的事，但现在我觉得自己充满了勇气和力量。我俯下身去，做起了俯卧撑。

在听众的笑声和惊奇的掌声中，我觉得自己几乎可以听到每个人带着焦虑的呼气声。这可不是随便哪个濒死之人，这只是我。我可以开始了。

我的童年梦想清单

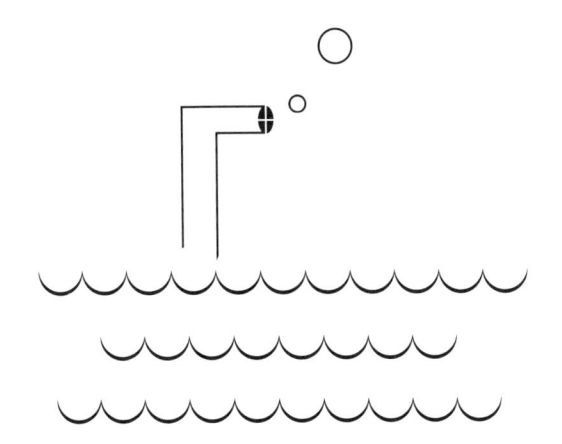

- ☐ 体验零重力

- ☐ 在全国橄榄球联盟打球

- ☐ 写一则收录在《世界百科全书》中的词条

- ☐ 成为《星际迷航》中的柯克船长

- ☐ 赢得毛绒玩具

- ☐ 成为迪士尼幻想工程师

父母是我中的彩票

我能有这样的父母就像中了彩票。

我一出生就像中了彩票一样,这也是我能够实现童年梦想的主要原因。

我母亲是一位严厉而保守的英语教师,她有钛金属般坚强的意志。她严格要求学生,哪怕学生家长对此抱怨连连。作为她的儿子,我对于她高度的期望略知一二,这也成了我的一笔伟大财富。

二战期间,我父亲是一名随军医护人员,曾参与过阿登战役。他创立了一个帮助移民子女学习英语的非营利组织。他在巴尔的摩市中心经营着一家小公司,靠卖汽车保险维持生计。他的客人大部分是穷人,有些有不良信用记录,有些收入有限,他会想办法帮他们办保险,让车上路行驶。我的父亲绝对是我的英雄,理由数也数不过来。

我在马里兰州哥伦比亚市的中产家庭中无忧无虑地长大。在我们家,钱从来都不是问题,主要是因为我的父母从来没有很大的开销。他们节俭至极。我们很少出去吃饭,一年才看一两次电影。"看电视吧,"我的父母会这样说,"电视是免费的,或者去图书馆借本书,这样更好。"

在我两岁、我姐姐四岁时,妈妈带我们去看过一次马戏。到九岁时,我想再去看一次。"你不需要再去了,"妈妈说,"你已经看过了。"

现在看来这有些难以忍受,但我确实度过了一个奇妙的童年。优秀的父母对我的人生有着非凡的助益。

我们买的东西虽然不多,但是思考的东西很多,因为我父亲对时事、历史和生活都怀有好奇心,这种好奇心感染了我们一家。事实上,在成长过程中,我曾经以为世上只有两种家庭:

1. 连吃晚饭时都离不开字典的家庭。
2. 不需要字典的家庭。

我家是第一种。几乎每天吃晚饭时,我们都得查字典,而字典就放在离餐桌六步之遥的书架上。"如果你有疑问,"我的家人会这么说,"就去字典中找出答案。"

遇到问题时,我们不会干坐在那里瞎想,而是有更好的方法:打开百科全书,打开字典,打开思路。

我父亲也很擅长讲故事，他总是说，每讲一个故事都应该是有缘由的。他喜欢讲一些幽默的奇闻轶事，而这些轶事最后都会转化为道德故事。他非常擅长讲这类故事，我也学习了他讲故事的技巧。所以，当我的姐姐塔米在网上观看我的演讲时，她似乎听见了一个不属于我的声音，那是父亲的声音。她知道我借用了不少他的智慧。我一点儿也不否认。其实，有时我会觉得自己是在台上传达父亲的思想。

每天与别人聊天，我几乎都会引用父亲的话。一部分原因是，如果你只陈述自己的观点，别人通常会无视它。而如果你借用第三方的智慧，就会显得不那么傲慢，更容易被接受。当然，如果你有像我父亲这样的人做后盾，就会情不自禁地抓住每一个能引用他的话的机会。

父亲还告诉我许多处世之道。他会说诸如"不到万不得已，不要做决定"这样的话。他还告诫我，无论是在工作中还是在人际关系中，即使我处于强势地位，也必须公平行事。"即便你握着方向盘，"父亲说，"也不代表你必须从别人身上碾过去。"

最近，我发现即使是父亲没说过的话，我也会"引用"。无论我的观点是什么，都不妨借他之口说出来，因为他仿佛无所不知。

此外，我的母亲也非常有智慧。在我的一生中，她一直认为她的使命是让我戒骄戒躁。我对此十分感激。即便是现在，如果有人问起我以前是个什么样的孩子，她还会说我是个"机灵的孩子，但不算早熟"。如今这个时代，父母爱把自己的每个孩子都夸成天才，但我母亲认为"机灵"已经算是夸奖了。

我攻读博士学位时，修了一门叫"理论入门"的课。现在看来，这门课可以说是我人生中仅次于化疗的糟心事。当我向母亲抱怨考试有多难多可怕时，她俯下身，拍拍我的胳膊，说："亲爱的，我们知道你的感受。但是你要记住，像你这么大时，你爸爸已经在和德国人打仗了。"

我获得博士学位后，我母亲喜欢这样介绍："这是我儿子，是个博士，但不是治病救人的那种。"

我父母知道怎样才能真正帮助别人。他们总是寻找一些不同寻常的大项目，然后全身心地投入进去。他们在泰国的农村资助建设了能容纳五十名学生的宿舍，让那里的女孩子可以继续上学，而不用沦落风尘。

母亲做起慈善来总是特别慷慨，父亲也乐于为了慈善献出一切，他们衣着朴素，也没想住进人人向往的郊区大宅。从这种意义来说，我觉得父亲是我认识的最符合基督教精神的人。他还是社会公平的忠实拥护者。他和母亲不一样，并不会轻易地信奉有组织的宗教（我们是长老会教徒）。他更关注宏大的理

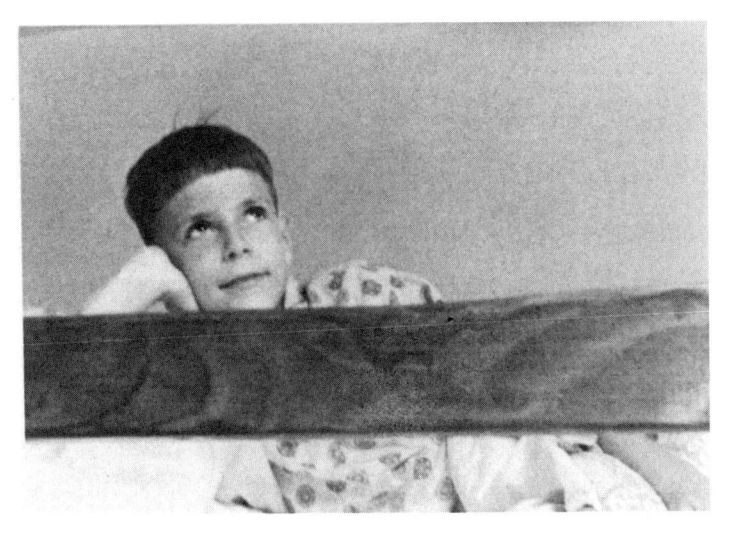

我在做梦

想,将平等视为最伟大的目标。他对社会有很高的期望,尽管这些期望往往难以实现,他仍旧是一个充满激情的乐观主义者。

父亲八十三岁时被诊断为白血病。他知道自己所剩的时日不多,便决定捐出遗体供医学研究,并继续给泰国的学生捐钱,让这个项目可以至少再维持六年。

许多听过我最后的演讲的人都注意到了,我在大屏幕上放过一张照片。照片上的我穿着睡衣,支着胳膊肘,脑袋斜靠在手上。很明显,我是一个有伟大梦想的孩子。

我身前横着的木板是双层床的栏杆。父亲擅长做木工,这

41

张床就是他给我做的。我脸上的微笑、眼神和那块木板都提醒着我，能有这样的父母就像是中了彩票。

我知道，尽管我的孩子有一个很好的母亲，能给他们人生提供指引，但是他们会失去父亲。我已经接受了这个事实，但这还是让人心痛。

我相信，父亲会认同我在人生最后几个月的安排。他也会建议我帮杰伊安排好一切，尽可能多地陪陪孩子们，正像我现在做的一样。我知道他能理解我们搬到弗吉尼亚的意义。

我还相信，父亲会提醒我，最重要的是让孩子们知道父母对他们的爱，而这件事并不一定要父母活着才能做到。

梦想卧室

我总是抑制不住自己的想象力。还在上高中时，我就有一种强烈的冲动，想把脑海中盘旋的想法挥洒在卧室的墙上。

我去请求父母的同意。

"我想在我房间的墙上画些东西。"我说。

"画些什么呢？"他们问。

"对我而言很重要的东西，"我说，"我觉得酷的东西。你们等着瞧吧。"

这样的解释足以说服我的父亲，这就是他的伟大之处。他对你微微一笑，就能激发你的创造力。他喜欢看到热情的火花绽放成焰火。他理解我，也理解我需要用一些非常规的方式来表达自我。所以，他觉得我在墙上画画的想法很棒。

母亲不怎么赞同这种逾矩的行为，但是看到我那么兴奋，她就大发慈悲了。她还知道在这种事情上，父亲总是握有决定权,所以她还不如不要挣扎,趁早投降。

在姐姐塔米和朋友杰克·谢里夫的帮助下,我花了两天时间在房间的墙上画画。父亲坐在客厅里读报纸,耐心地等待着作品揭幕的时刻。母亲在走廊中徘徊,非常忐忑。她总是偷偷接近我们,想要偷看一眼,但是房间可没那么容易进。就像那些拍电影的人说的那样,里面要"清场"。

我们画了什么呢?

我想在墙上画一个一元二次方程的求根公式。在这种方程里,未知数项的最高次数是二。我一直都是个书呆子,觉得这个公式值得赞美一番,所以在门的旁边,我写上了"$\frac{-b \pm \sqrt{b^2-4ac}}{2a}$"。

杰克和我画了一个大大的银色电梯门。在电梯门的左边,我们画上了"上""下"两个按钮。在电梯门上方,我们画了一个楼层面板,上面写上了一到六楼,其中"三"这个数字画得闪闪发光。我们住在平房里,只有一层楼,所以我发挥了一点儿想象力,把它想象成了六层楼。现在回想起来,为什么我不画成八十或九十层呢?如果我真的是个了不起的梦想家,为什么我的电梯会停留在三楼呢?我也不知道,或许这象征着我的人生一直在雄心和务实之间寻求平衡吧。

由于水平有限,我认为最好用基础的几何图形来勾勒轮廓。所以我用简笔画画了一艘带尾翼的火箭飞船,画了白雪公主的

我的梦想卧室

魔镜，还写上了一行字："还记得我说你是世界上最美的女人吗？骗你的！"

在天花板上，我和杰克写上了："我被困在阁楼里了！"我们把字母反过来写，这样看起来就像是有什么人被我们囚禁在上面，发出了求救信号。

因为我喜欢国际象棋，塔米画了几个棋子（她是我们中唯一有点儿绘画天赋的）。她画棋子的同时，我在双层床的后面画了一艘潜伏在水中的潜水艇。我画了一个从床单上升起的潜望镜，好像在搜寻敌船。

我一直喜欢潘多拉的魔盒这个故事，所以和塔米一起画了个我们自己的潘多拉的故事。潘多拉是希腊神话中的人物，宙斯给了她一个魔盒，里面装着世界上所有的罪恶。她违抗了不准打开魔盒的命令，掀开盖子后，罪恶传遍了世界。吸引我的是这个故事乐观的结局：魔盒的底部装着"希望"。所以，在我的潘多拉魔盒里，我也写下了"希望"这个词。杰克看到了，忍不住在"希望"前面写上了"鲍勃"[①]这个词。每当有朋友来我的房间，他们总得反应一会儿才能明白为什么那里有"鲍勃"这个词，然后就会情不自禁地翻个白眼。

那时是二十世纪七十年代末期，我在门上写了"迪斯科烂透了！"[②]这样一句话。母亲认为这句话有点儿粗俗。有一天，趁我不注意，她悄悄地把"烂透了"用颜料涂掉了。这也是她唯一一次修改我的画。

来我房间的朋友总是很羡慕我。"不敢相信你的父母居然允许你这样做。"他们说。

尽管那时母亲并没有对我的画表现出兴趣，但在我搬出房间后的几十年里，她始终都没有把房间里的画粉刷掉。其实，随着时间流逝，我的房间成了她带别人参观房子时的重点。母

[①] 鲍勃·霍普是美国著名喜剧演员，他的姓（Hope）同时有"希望"的意思。
[②] 二十世纪七十年代迪斯科乐风靡全美，也导致很多人强烈反感，他们自发组织起来抵制这种音乐，"迪斯科烂透了"是他们的口号。

亲开始意识到，人们觉得这个房间相当酷，还觉得她允许我这样做也很酷。

所有为人父母者，如果你的孩子想在房间的墙上画画，看在我的份上，让他们画吧。没事的，别担心卖房子的时候会拉低价格。

我不知道这个童年的卧室，我还能回去几次，但是每次回去都像是收到一份礼物。我还睡在父亲做的那张双层床上，看着墙上那些疯狂的涂鸦，想起父母允许我在上面画画，便觉得自己是个幸运的人，然后心满意足地入睡。

体验零重力

梦想得是具体的,这很重要。

我上小学时,许多孩子想要成为宇航员。我从很小的时候就意识到,美国国家航空航天局是不会录取我的,因为我听说宇航员不能戴眼镜。这个限制我能够接受。我并不是想要体验宇航员全部的工作,只是想感受一下那种飘浮的感觉。

我发现宇航局有一种用来帮助宇航员们适应零重力的航天器。人们都叫它"呕吐彗星",尽管宇航局称之为"失重奇迹"。这是一种公关手段,目的就是让人们的注意力从呕吐上转移开。

无论叫什么,这种航天器都是一架令人惊叹的机器。它沿着抛物线的轨道飞行,每次在抛物线的顶端,大约有二十五秒的时间,你能有几近失重的体验。随着航天器飞快下降,你会觉得自己像是坐在脱轨的过山车上,而且你是悬空的,四处飘浮。

宇航局有一个项目，允许大学生递交提案，申请在这种航天器上做实验。当我得知这个消息时，知道自己的梦想有了实现的可能。二〇〇一年，我们卡耐基·梅隆大学的学生提交了一个关于虚拟现实技术的项目提案。

对于一辈子都生活在地球上的人来说，失重的感觉是难以想象的。在零重力的状态下，控制平衡的内耳与眼睛所看到的东西不再同步，人们通常会感到恶心。通过虚拟现实技术在地面上进行模拟，能解决这个问题吗？这是我们提案中提出的问题。我们最终赢得了这个机会，受邀去休斯敦的约翰逊航天中心体验这架航天器。

我大概比我所有的学生都要兴奋。飘浮！但后来我得到一个坏消息。宇航局明确表示，无论如何，指导教师都不能和学生们一起体验。

我十分伤心，但并没有打消这个念头。我试着绕过这堵墙找一条新路。仔细阅读这个项目的相关文献后，我终于找到了一个"漏洞"：出于塑造良好的公众形象的考虑，宇航局允许一名来自学生家乡的记者一同参与体验。

我打电话给一位宇航局的官员，想要他的传真号码。"你要给我们发什么？"他问。我解释说，我放弃以教师的身份参与活动，但申请作为记者参加。

我只是想感受一下飘浮的感觉……

"我会以记者的新身份和我的学生共同参与。"我说。

他说:"你不觉得这有点儿太明显吗?"

"确实。"我说,但我对他保证,会把这次实验的相关信息发布到新闻网站上,还会把虚拟现实实验的录像寄给更多主流媒体。我知道我一定能实现心愿,这也对所有人都有好处。他给了我他的传真号码。

顺便提一句,这件事情告诉我们:做些对大家都有好处的事,会让你更受欢迎。

我的零重力体验美妙非凡(而且我没有呕吐,多谢关心)。虽然我被甩到了地上——因为在那神奇的二十五秒之后,飞机重新受到重力的影响,你会感觉自己的重量增加了一倍。你会重重地摔下来,这也是工作人员对我们反复强调要"脚朝下!"的缘故,没有人愿意脖子先落地。

无论怎样,在飘浮成为我的人生目标将近四十年之后,我终于登上了那架航天器。这说明,只要你能发现机会,就有可能找到实现梦想的方法。

追逐梦想比实现梦想收获更多

我热爱橄榄球。我从九岁就开始打橄榄球,它一直陪伴着我成长,成就了今天的我。虽然我没能进入全国橄榄球联盟,但有时仍然觉得,比起许多已经实现的梦想,我在追逐这个未曾实现的梦想的过程中收获更多。

我和橄榄球的渊源始于爸爸拖着又踢又叫的我加入橄榄球社团的那一刻。我一点儿都不想去。我天生胆小,那时又是社团里年纪最小的。当我见到教练吉姆·格雷厄姆时,这种恐惧变成了敬畏。他是个大块头,身高大约六英尺四英寸①,简直就像一堵墙。他曾经是宾夕法尼亚州立大学橄榄球队的中后卫,非常守旧,不,极度守旧,比如他认为向前传球是耍滑头。

训练的第一天,我们都吓得要死,而且他还没有带橄榄球

---

①约为1.93米。

来。最后，一个孩子替我们所有人说了一句："不好意思，教练。我们没有橄榄球。"

格雷厄姆教练回答道："我们不需要橄榄球。"

我们想着这句话是什么意思，陷入了沉默……

"橄榄球场上一共有几个人？"他问我们。

每队十一人，我们回答道，所以一共是二十二人。

"每次有几个人接触球呢？"

只有一个。

"对！"他说，"所以我们要学习其他二十一个人该怎么做。"

基本功，这是格雷厄姆教练给我们的大礼。基本功，基本功，基本功。作为一个大学教授，我一直认为有一点是许多孩子容易忽略的，而这总是会对他们造成伤害：你必须把基本功练好，否则学些高超的技术也无济于事。

* * *

格雷厄姆教练总是对我严格要求。有次训练我印象特别深刻。"你做得不对，波许。回去重来！"我努力按他说的做，但他仍不满意。"这是你欠我的，波许！训练结束后罚你做俯卧撑。"

等教练终于放我走后，一位助理教练过来安慰我："格雷厄姆教练对你要求很严格吧？"

我已经筋疲力尽，勉强回了句"是"。

"这是好事，"助理教练对我说，"如果你搞砸了，却没有人对你说些什么的话，就说明他们都放弃你了。"

这一课让我终身铭记。当你把事情搞砸了，却再也没人愿意费神告诉你时，你的处境就很糟糕了。你可能不想听到批评，但是别人的批评常常是在告诉你，他们依然爱着你、在乎你，希望你变得更好。

关于孩子的自尊心问题，如今有许多种说法。但自尊心这种东西无法给予，只能培养。格雷厄姆教练的训练里容不得一丝的娇惯。自尊心？要培养孩子的自尊心，他只知道一种方法：给他们一项无法完成的任务，让他们不断努力，直到能够完成为止，然后一直重复这个过程。

格雷厄姆教练刚认识我时，我还是一个胆小的孩子，没有任何技巧，身体并不强壮，也没有接受过训练。但是他让我意识到，只要我足够努力，今天无法完成的事明天一定能完成。即使是现在，我已经四十七岁，也能做出非常标准的三点触地姿势，标准到足以让全美橄榄球联盟的球员满意。

我知道，换作现在，像格雷厄姆教练这样的人会被踢出青年体育联盟。他太过严厉，很可能会被家长投诉。记得有场比赛我们打得特别糟糕。中场休息时，我们急匆匆地去喝水，差点儿把水桶撞倒。格雷厄姆教练面色铁青："天哪！自打比赛开始，这是你们跑得最快的一回！"我们当时才十一岁，就呆呆地站在那儿，害怕他亲手把我们一个个撕碎。"水？"他咆哮道，"你们还想喝水？"他提起水桶，把水都倒在了地上。

我们看着他走开，听见他对一个助理教练低声说："你可以给防守主力水喝，他们打得还行。"

我澄清一点：格雷厄姆教练绝不会伤害任何一个孩子。他在训练中要求严格，原因之一是他知道这样能减少伤病。其实那天上半场的时候我们都是有水喝的。之所以冲过去喝水，更多的是因为顽皮而不是口渴。

如果这件事发生在现在，场边的家长们就会拿出手机，向联盟的官员投诉或者找律师了。现在许多孩子都是娇生惯养的，这令人遗憾。我回想起那次中场休息时的训话给我的感受。确实，我当时很渴，但更重要的是，我感到羞愧。我们让格雷厄姆教练失望了，而他用了我们毕生难忘的方式来让我们知道他有多失望。他说得对。比起在那场该死的比赛当中的表现，我们在跑去喝水时显得更有活力。他的严厉指责对我们起了作用。下半场时，我们回到场上，全力以赴地进行比赛。

长大后我再也没有见过格雷厄姆教练，但是他常常出现在我的脑海中，在我想放弃时敦促我更加努力、更进一步。他为我培养的反馈回路使我受益终生。

* * *

当我们把孩子送去参加团队运动时——无论是橄榄球、足球、游泳还是其他运动——对大多数人来说，首要目的并不是让他们学到这项运动的精髓。我们其实是想让他们学到更为重要的东西，比如团队合作、不屈不挠、不断进取的体育精神，以及应对逆境的能力。这种间接的学习就是所谓的"假动作"。

假动作有两种意思。一种是字面上的，指的是在橄榄球场上，一个运动员把头转向一侧，让你认为他要向那一侧移动，结果跑向了另一侧。这就像是魔术师的障眼法。格雷厄姆教练让我们关注球员的腰部，他说："他的肚脐转向哪个方向，身体就会向哪个方向移动。"

第二种意思更加重要，指人们在潜移默化中学到的东西。只有在实践中，人们才能意识到学会了什么。如果你是一个假动作专家，你的潜在目标就是让学生学到你想让他们学的东西。

这种假动作式的学习至关重要，而格雷厄姆教练正是这方面的大师。

你能在百科全书 V 卷找到我

我生活在计算机时代，我爱这个时代！我早就习惯了像素、多屏工作站和信息高速公路。我完全可以想象无纸化的世界。

但是，我长大的时代却截然不同。

我出生在一九六〇年，那时用来记录伟大知识的载体还是纸。整个二十世纪六七十年代，我家都信奉《世界百科全书》——上面有照片、地图、不同国家的国旗，还有便捷的小边栏，里头写着各州的人口、座右铭还有平均海拔等信息。

我并没有逐字逐句地读过《世界百科全书》每一卷，但大概翻过，很好奇这样的书是怎样编写出来的。关于非洲食蚁兽那部分是谁写的？一定是《世界百科全书》的编辑打电话说："你比别人都了解非洲食蚁兽，能给我们写个词条吗？"还有在 Z 卷中，谁是公认的祖鲁人（Zulu）专家，他有资格编写这个词条吗？那个人是祖鲁人吗？

我的父母生活朴素。不像许多美国人,他们买东西不是出于虚荣心,也自然不会买奢侈品,但是他们乐意买《世界百科全书》,为此花了在当时来说很大一笔钱,给我和姐姐送上这份知识的大礼。他们每年都会购买增补卷,上面记录着新的重大发现和新的时事,每一卷上都写着当时的年份——1970、1971、1972、1973,我会迫不及待地开始阅读。年度增补卷刚买来时都附有标签,对应着按音序排列的《世界百科全书》中的词条。我的任务就是将标签贴在合适的页码上。我认真地对待这项任务,一板一眼地编排好这些历史事实和科学知识,方便以后翻开百科全书的人阅读。

出于对这套百科全书的热爱,我的童年梦想之一便是为它编写词条,但这不是给《世界百科全书》的芝加哥总部打个电话毛遂自荐就可以的,只能等编辑自己找上门。

信不信由你,几年前,我终于接到了那个电话。

原来,当时我的事业算是处于那种《世界百科全书》可以前来讨教的阶段。他们并不认为我是全世界虚拟现实领域最厉害的专家。最厉害的那个人太忙了,他们找了也没有用。我正好处于中游水平,在圈内有一定的权威,但知名度没有高到会拒绝他们。

"你愿意为我们编写关于虚拟现实的新词条吗?"他们问道。

我总不能说，我等这个电话等了一辈子，只能答应道："好的，当然了！"我编写了这个词条，还配了张我的学生凯特琳·凯勒头戴虚拟现实头盔的照片。

编辑没有对我写的东西提出质疑，我猜他们的工作风格就是这样。他们既然选中一位专家，就相信这位专家不会滥用权威。

我还没买最新的一套《世界百科全书》。其实，为《世界百科全书》编写过词条后，我知道了百科全书的质量管理标准，所以现在觉得维基百科也是不错的信息来源。但是，有时当我和孩子们去图书馆时，我会忍不住想要翻开V卷（找到由我撰写的"虚拟现实"），让我的孩子们看看，他们的爸爸实现了梦想。

柯克船长的领导力

就像美国无数出生于二十世纪六十年代的技术迷一样,我在童年时光中常常梦想成为进取号的船长詹姆斯·T.柯克。我并没有把自己想象成波许船长,而是想象自己能真正成为柯克船长。

对于有抱负、爱科学的小男孩来说,没有比《星际迷航》中的柯克船长更伟大的榜样了。通过观察柯克如何指挥进取号,我成了更好的教师、更好的同事,甚至是更好的丈夫。

想一想吧,如果你看过这部电视剧,就会知道柯克并不是进取号上最聪明的人。他的大副史波克智商更高,说话做事总是逻辑分明;医疗官麦考伊拥有人类截至二十三世纪六十年代为止的所有医学知识;史考特是总工程师,他熟知进取号运行的机械原理,即便是敌人来袭时也能维持正常运行。

那么柯克的技能是什么呢?他凭什么能登上进取号,指挥这艘飞船呢？

答案就是领导力。

通过观察这个人的行动，我学会了很多。他懂得动态管理的精髓，知道如何分工，如何激励大家，而且穿制服的样子很帅。他从不对外宣称他的技能比下属更厉害，也承认他们在各自领域的优势。但他是设定目标、奠定基调的人，负责鼓舞舰上的士气。除此之外，在每个星系碰到女人，柯克都会展开浪漫的追求。想象一下十岁的我戴着眼镜守在电视机前的样子吧。对我来说，每次柯克出现在荧幕上，都像是希腊神话中的神一般。

而且他还有最酷最厉害的玩具！他在登上某个星球后，还能用星际迷航里特有的通信设备来与舰上的人沟通。这对儿时的我来说实在是太迷人了。而现在我口袋里就有一个这样的东西，还能带着它到处走。谁还记得我们是在柯克船长那儿第一次见到手机的呢？

几年前，我（通过我的通信设备）接到了一个电话，是匹兹堡的一位名叫奇普·沃尔特的作家打来的。他和威廉·夏特纳（柯克船长的扮演者）在合写一本书，讲的是在《星际迷航》中首次出现的科学突破对现今的技术进步有何影响。柯克船长想来参观我在卡耐基·梅隆大学的虚拟现实实验室。

诚然，我儿时的梦想是**成为**柯克船长，但是当夏特纳出现的时候，我还是权当这个梦想实现了。见到少年时代的偶像固然很酷，但如果是他来找你，要看你在实验室里做的那些很酷的事，那可更要酷上十万八千倍了。

我和学生们夜以继日地工作，建造了一个类似进取号舰桥的虚拟现实世界。夏特纳到来后，我们给他戴上了一个巨大的"头戴式显示器"，里面有一个显示屏，他只要动一动头，就能进入昔日舰艇的三百六十度影像之中。"哇，你们连涡轮电梯的门都有。"他说。我们还为他准备了个惊喜：红色警报。他一刻都没迟疑，马上喊道："我们遭到了攻击！"

夏特纳待了三个小时，问了一大堆问题。后来，一个同事对我说："他一直问个不停，好像没弄明白。"

但是我还是留下了无比深刻的印象。柯克，我是说，夏特纳就是这样一个人，他明白自己不知道什么，也非常乐于承认，而且不弄明白就不愿意离开。在这方面，他是极好的榜样。在我看来，这是勇敢的行为，我希望每一个大学生都能有这样的态度。

在我治疗癌症的过程中，别人对我说只有百分之四的胰腺癌患者能存活五年，这时我的脑海中浮现出了《星际迷航》系列电影《可汗怒吼》中的一句台词。在这部电影中，星际舰队

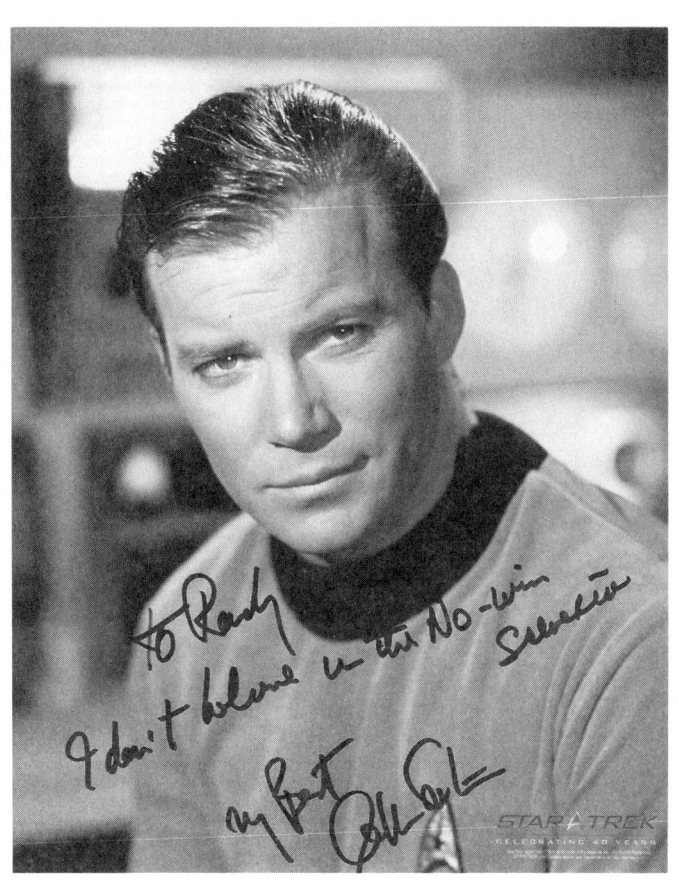

夏特纳寄给我一张他饰演的柯克的照片

的学员都要参与一种模拟训练的场景。在这个场景中，无论他们做什么，所有的舰员都会死去。电影里说，柯克在还是个学员的时候，就改变了这个模拟训练的程序，因为"他不相信会全盘皆输"。

多年来，我的学术精英同事们一直对我痴迷《星际迷航》嗤之以鼻，但是它从头到尾一直帮助着我，从来没有让我失望过。

夏特纳得知我的病情后，寄给了我一张他饰演的柯克的照片，上面写着"我不相信会全盘皆输"。

要赢就赢最大的

我最初的几个童年梦想之中,有一个是成为游乐园或者嘉年华中最酷的人。我一直知道怎样成为最酷的那一个。

最酷的人是很显眼的:那个人会抱着最大的毛绒玩具到处走动。小时候,我有时远远地看到有人抱着巨大的毛绒玩具,头和身体都几乎被玩具挡住了。无论他是一身肌肉的美男子,还是连玩具都抱不动的书呆子都无所谓。只要他有最大的毛绒玩具,就是整个嘉年华最酷的人。

我爸爸也是这样认为的。要是他没有背着刚刚赢得的大玩具熊或是玩具猩猩的话,就感觉自己像在光着身子坐摩天轮似的。由于我家内部竞争激烈,游乐场里的小游戏就变成了一场战争。谁能捕获毛绒玩具王国中最大的那头野兽呢?

你有没有抱着巨大的毛绒玩具在嘉年华上走来走去?你有没有感受到人们嫉妒的目光?你有没有用毛绒玩具追求过女孩

子？我这么做过……后来她成了我的妻子！

从一开始，巨大的毛绒玩具就对我意义非凡。在我三岁、姐姐五岁时，有一次在一家玩具店里，父亲说如果我们愿意分享的话，就给我们买一个大家都喜欢的玩具。我们看了又看，终于抬头望见最高的货架上有一只巨大的毛绒兔子。

"我们要那个！"我姐姐说。

那大概是整个玩具店里最贵的东西了，但是父亲信守了他的承诺，给我们买下了那只兔子。他可能觉得这是一项很好的投资，巨大的毛绒玩具总是不会嫌多的。

长大成人后，我带回家的毛绒玩具越来越多，也越来越大，以至于父亲怀疑那些是我花钱买来的。他以为我是在水枪摊位旁边等着赢家过来，塞给他们五十美元就买来了玩具，因为那些家伙没有意识到一个巨大的毛绒玩具能大大改变全世界对他们的看法。但是我从来没有这样做过。

我也从来不作弊。

好吧，我承认自己向前探出过一点儿身体，但是玩套环就得这样。我只是向前探了探身子，没有作弊。

但是，我的很多玩具都是在家人不在场的情况下赢来的，我知道这让人更加怀疑了。可我发现赢得毛绒玩具的最佳方法就是避开家人旁观的压力，我也不想让人知道我得花多长时间

你有没有抱着巨大的毛绒玩具在嘉年华上走来走去?

才能赢。坚持是一种美德,但是自己的努力并不总是要让别人看见。

我现在准备透露赢得巨型毛绒玩具的两大秘诀:足够长的手臂,还有一点点可自由支配的收入。幸运的是我两者都有。

* * *

我在最后的演讲中谈起了我的毛绒玩具,也展示了它们的照片。我能猜到那些愤世嫉俗的科技达人会想些什么:现在这个时代,图片可以用电脑修改,我和毛绒玩具的合影也许都不是真的。又或许我用花言巧语说服了真正的赢家,让我和他们的奖品拍照。

在这个愤世嫉俗的时代,怎样才能说服我的听众,这些玩具真是我赢的?我给他们看了毛绒玩具的实物。我让几个学生从舞台的两侧走上台,每个人手上都抱着我多年来赢得的大大的毛绒玩具。

我不再需要这些战利品了。尽管和妻子谈恋爱的时候,她很喜欢我挂在她办公室里的玩具熊,但是在生了三个孩子之后,她不会想让一大堆玩具把新家占得满满的。(它们会漏出一些塑料泡沫粒,然后不知怎地就进了克洛伊的嘴里。)

我知道，如果我留着这些毛绒玩具，总有一天，杰伊会打电话给慈善组织说："把它们拿走吧。"要是她觉得没法扔掉它们的话，就更糟糕了！这就是我决定把它们送给朋友的原因。

等它们在台上排好，我宣布："如果想要我的玩具，可以在结束之后自己上台来拿，先到先得。"

这些大大的毛绒玩具很快都找到了新家。几天之后，我得知其中一只玩具给了卡耐基·梅隆大学的一名学生，她像我一样得了癌症。演讲结束后，她走上台，挑了一只毛绒大象。我喜欢这其中蕴含的意义。她得到了房间里的大象。

地球上最开心的地方

一九六九年我八岁时,我们一家跨越了整个美国去迪士尼乐园玩。这绝对是一次探索。我们一到那儿,就对这个地方产生了敬畏之情。这是我去过的最酷的地方。

当我和别的孩子一起排队时,脑子里全是一个念头:"我迫不及待想创造出一个这样的东西!"

二十年后,当我在卡耐基·梅隆大学获得计算机科学博士学位后,我觉得有了做任何事的资格,所以赶紧给迪士尼幻想工程写了封信。然后,他们给我回了一封信,这是我收到过的语气最好的一封叫我滚蛋的信了。他们审阅了我的申请,但是并没有"任何需要你的特殊技能的岗位"。

什么都没有?迪士尼可是以雇了一大群人来扫马路而出名的!迪士尼没有我能干的工作?连扫地都不行?

这让我很是受挫。但我还是相信:墙之所以存在是有原因的，它不是为了阻拦我们，而是为了给我们一个机会来表现自己的愿望有多强烈。

让我们快进到一九九五年。我已经成为弗吉尼亚大学的教授，并且参与建立一个叫"五美元一天的虚拟现实"的系统。那时，虚拟现实领域的专家坚信，任何关于虚拟现实的工作都至少需要五十万美元。我和我的同事像惠普的创始人一样，在车库里开发出了一个可行的低成本虚拟现实系统。在计算机科学的世界中，这被人们视为壮举。

不久之后，我得知迪士尼幻想工程在进行一项虚拟现实工程。这是最高机密，它被用在阿拉丁游乐项目中，可以让人们体验魔毯飞行。我给迪士尼打电话，解释说我是一个虚拟现实的研究者，正在寻找这方面的信息。我执着得有些可笑，他们一次又一次地拒绝了我，直到我联系上了一个名叫乔恩·斯诺迪的人。他正好是负责这个项目团队的幻想工程师。我觉得这就像是我给白宫打电话，然后被他们转接给了总统。

我们聊了一会儿。我告诉乔恩自己马上要去加利福尼亚。我们能见面吗？（事实上，如果他说能，我去那儿就只有见他这一个目的。为了见他，我连海王星都会去！）他说可以，如果我去的话，我们就一起吃个午饭。

在去见他前，我花了八十个小时做准备。我问了所有我认识的虚拟现实领域的高手，让他们谈谈对迪士尼这个项目的想法和疑问。因此，当我终于和乔恩见面时，他为我准备之充分而惊叹。（学聪明人说话就是容易显得聪明。）然后，在午餐临近尾声时，我提出了"那个请求"。

"我马上要休一个学术假。"我说。

"那是什么？"他问道，这是我第一次感受到将要面对的学术圈和娱乐圈的文化冲突。

我解释了学术假是什么，他觉得让我在休假期间和他的团队一起工作是个不错的主意。我们商量好了：我参与到项目中工作六个月，然后发表一篇相关的论文。我激动万分，像我这样的学者能受邀参与幻想工程的秘密项目，这几乎是闻所未闻的。

只是有一个问题：我需要上级的同意，才能休这种奇特的学术假。

好吧，每个迪士尼故事都需要一个反派，而我的故事中的反派正好是弗吉尼亚大学的一位院长。"沃尔默院长"（杰伊给他取的这个外号出自电影《动物屋》）担心迪士尼会将我脑海中原本属于学校的"知识产权"抢得干干净净。他不同意我这么做。我问他："你真的不觉得这是一个好主意吗？"他说："我不知道这是不是一个好主意。"他让我明白，有时候最难翻越的墙是由人构筑而成的。

我和姐姐坐在爱丽丝漫游仙境的马车上，我的脑海中只有一个想法：
"我迫不及待想创造出一个这样的东西。"

意识到在他这里不会有什么突破，我去找负责资助研究的院长来谈这件事。我问他："你认为这是个好主意吗？"他说："我没有足够的信息来判断，但是我知道有一位优秀的教师就在我的办公室里，他对这件事热情很高，所以你再仔细说一说。"

这件事对管理者应该有所启发。两个院长都说了同样的话：他们不知道让我休学术假是不是个好主意。但是想想他们说话的方式差异有多大！

最后幻想变成了现实，他们还是允许我休了那个学术假。事实上，我得承认我有多么痴迷：我到达加利福尼亚不久，就开着敞篷车去了幻想工程的总部。那是个炎热的夏夜，我的立体声音响中大声放着迪士尼《狮子王》的原声音乐。当我开车经过总部大楼时，真的已经泪流满面。那个在迪士尼乐园里睁大双眼的八岁男孩就在这里，已经长大成人。我终于来到了这里，成了一名幻想工程师。

冒险和教训

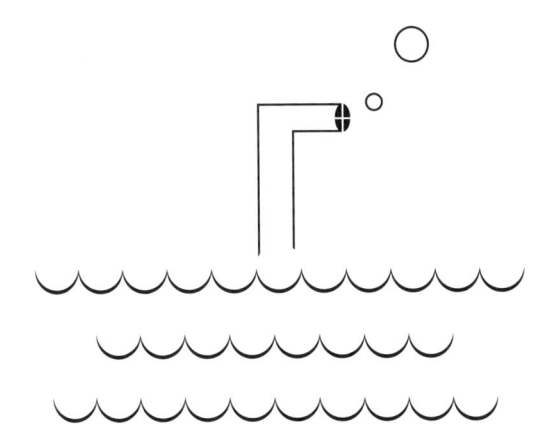

此刻真好

我从二〇〇六年的夏天开始四处求医，那时我第一次觉得上腹部有些微痛。后来，我出现了黄疸，医生怀疑我得了肝炎。再后来，这竟也成了奢望。CT扫描显示我得了胰腺癌，我在谷歌上搜索了一下，立刻就明白这种病有多严重。胰腺癌是所有癌症中死亡率最高的，确诊胰腺癌的患者有一半在半年内死亡，百分之九十六在五年内死亡。

就像对待其他的许多事情一样，我选择用科学的态度来对待自己的治疗。我问了许多关于数据收集的问题，和医生们一起提出了许多假设。我把和医生的对话都录了下来，这样在家就能更仔细地听听他们的解释。我找到一些晦涩的期刊文章，看医生时一起带去。医生们好像并没有因此讨厌我。事实上，大多数医生觉得我是一个有趣的病人，因为我对所有事的参与程度都很高。（他们好像不介意我带一些朋友过来——我的朋友兼同事杰西卡·霍金斯曾经陪我看过医生,她既是来支持我的,又是来帮忙的,因为她出色的研究技术能帮我梳理医疗方面的信息。)

我告诉医生,他们能做的任何手术我都愿意忍受,他们能开的任何药我也都愿意吃,因为我有一个目标:为了杰伊和孩子们,我想活得越长越好。在和匹兹堡的赫布·泽医生的第一次会面中,我说:"有一点我们得说清楚。我的目标是活着,而且十年后能成为你宣传册上的模范病例。"

结果发现,我是少数能进行"惠普尔手术"的患者。"惠普尔手术"以二十世纪三十年代发明这一复杂手术的惠普尔医生的名字命名。在二十世纪七十年代,该手术的死亡率高达四分之一。到了二〇〇〇年,如果由经验丰富的医生操刀,手术的死亡率能降低到百分之五以下。然而,我知道这种手术还是很可怕,特别是考虑到术后还要化疗和放疗,对身体也有很大的伤害。

手术中,泽医生不仅切除了我的癌组织,还有我的胆囊、三分之一的胰腺、三分之一的胃以及几英尺的小肠。从手术中恢复后,我在休斯敦的安德森癌症中心待了两个月,接受大剂量化疗,每天我的腹部还要接受大剂量放疗。我的体重从一百八十二磅降到了一百三十八磅[①],到最后我都快走不了路

[①] 约下降 20 千克。

了。一月份,我回到了匹兹堡,这时CT扫描显示已经没有癌细胞了。我逐渐变得强壮起来。

到八月的时候,杰伊和我飞去休斯敦看医生,我去安德森癌症中心进行季度性复查。孩子们则留在家里由保姆照顾。这次旅行在我们看来就是一次浪漫的忙里偷闲,我们在复查的前一天甚至去了一个大型水上乐园——我知道,这只是我自认为浪漫的地方——我玩了高速滑梯,全程都在傻笑。

后来,在二〇〇七年八月十五日,一个周三,我和杰伊到安德森癌症中心找肿瘤医生罗伯特·沃尔夫,来看我最新的CT扫描结果。有人把我们领进了检查室,里面的护士问了几个常规的问题。"兰迪,你的体重有什么变化吗?你还在服用同样的药吗?"杰伊注意到护士离开时欢快悦耳的声音,注意到她关上身后的门时愉快地说:"好了,医生很快会过来看你的。"

检查室里有一台电脑,我注意到护士并没有退出登录,而我的医疗记录还在屏幕上。当然,我对电脑非常了解,但这并不需要什么黑客技术。我的整个病例就摆在那里。

"我们要不要看一眼?"我对杰伊说。我对我要做的事没有一点儿不安,毕竟这是我的病例。

我点了几下鼠标,找到了我的验血报告。上面有三十项看不懂的数值,但是我知道我要找的是哪一项——CA19-9,这是肿瘤的指标。那一项的数值是可怕的二百零八，而正常的数值应该在三十七以下。我看了一眼就明白了。

"全完了。"我对杰伊说，"我完蛋了。"

"什么意思？"她问道。

我告诉了她我的 CA19-9 值。她自学了一些癌症治疗的相关知识，足以明白这个数字意味着癌细胞转移了，相当于判了死刑。"这不好笑，"她说，"别开这种玩笑。"

我从电脑中调出我的 CT 扫描，数了起来："一个，两个，三个，四个，五个，六个……"

我能听出杰伊声音里的恐慌。"别告诉我你在数有多少个肿瘤。"她说。我有些失控，继续大声数着："七个，八个，九个，十个……"我把肿瘤全都找了出来。癌细胞已经扩散到了我的肝部。

杰伊走到电脑旁，亲眼看清了一切，然后跌倒在我的怀里。我们一起哭了起来，这时我才发现房间里连盒纸巾都没有。我刚发现自己快死了，无法保持理智和专注，竟然在想："像这样的一个房间，在这样的一个时刻，难道不应该有一盒纸巾吗？这真是明显的管理缺陷。"

有人敲了敲门。沃尔夫医生走了进来，手中还拿了个文件夹。他看了看杰伊，又看了看我，再看了看电脑上的 CT 扫描，就明白刚才发生了什么。我决定掌握主动。"我们知道了。"我说。

在那一刻，杰伊已经哭得歇斯底里，快要休克了。当然，我也很悲伤，但沃尔夫医生面对这个棘手局面的处理方法还是让我钦佩。医生坐到了杰伊的旁边安慰她，平静地向她解释说，他不会再继续试图拯救我的生命了。他说："我们的目标是让兰迪剩下的时日长一些，提高他的生存质量。因为现在的情况是，医学已经不能让他拥有正常人的寿命了。"

"等等，等等，"杰伊说，"你是说就这样了？就这样从'我们会和癌症抗争'变成'这场战争结束了'？如果进行肝脏移植呢？"

不行，医生说，一旦癌细胞扩散就不能移植了。他提出进行姑息治疗——这种治疗的目的不在于治愈病人，而是减轻症状，也许能多赢得几个月的时间。他还提出一些办法，能让我在走向生命尽头时过得舒服些，更多地投入到生活中去。

对我来说，这场可怕的对话不太真实。是的，我感到震惊，觉得我和哭个不停的杰伊都被剥夺了些什么。但是，我坚强的那一面让我还是像科学家那样收集着数据，问医生还有什么选择。与此同时，我的另一面则全情投入到了这戏剧性的一刻中。沃尔夫医生向杰伊传达这一消息的方式让我无比钦佩——简直可以说是敬畏。我对我自己说："看看他是怎么做的。很显然他以前做过很多次了,很擅长这种事。他仔细地排练过,所有的一切都显得那么真诚而自然。"

我注意到,在回答问题前,医生向后靠向椅背,闭上眼睛,好像这样能帮助他更好地思考。我观察着医生的肢体语言,观察他坐在杰伊身边的方式。我发现自己好像脱离了现实中的一切,想着:"他并没有搂着她的肩膀,我理解为什么,因为这样会太过冒昧。但是他的身体向她倾斜,手放在她的膝盖上。天,这事儿他做得真好。"

我希望每个考虑专攻肿瘤的医学生也能看到我看到的。我观察到沃尔夫医生在说话时,始终注意在遣词造句上更积极一些。当我们问他"我什么时候会死"时,他回答:"你还拥有三到六个月的健康时光。"这让我想起了我在迪士尼的时光。如果你随便问一个迪士尼乐园的工作人员"乐园几点关门",他们一般都会这么回答:"乐园一直开放到晚上八点。"

从某种程度上说,我有一种奇异的如释重负之感。我和杰伊在好几个月里都承受着很大的压力,想知道癌症会不会复发、什么时候复发。现在它们就这样大规模地复发了,等待结束了。现在我们能进行下一步了,应对即将到来的一切。

会面结束时,医生拥抱了一下杰伊,和我握了握手,然后我和杰伊一起离开,去面对新的现实。

离开医生的办公室后,我回想起夕阳西下时,我在水上乐园的高速滑梯上对杰伊说过的话。"即使明天的扫描结果不好,"我对她说,"我也只想告诉你活着真好,今天和你一起在这里活着真好。无论检查结果如何,我们得知结果时,我都不会马上就死,不只如此,我第二天也不会死,第三天也不会,第四天也不会。所以,此时此刻是特别美好的一天。我想告诉你今天我特别开心。"

我回想着那一刻,回想着杰伊的笑容。

那时我就知道,在我生命剩余的时光里,就要这样度过。

敞篷车里的男人

确诊癌症后的一天早上，我收到了一封来自罗比·科萨克的邮件，她是卡耐基·梅隆大学负责晋升工作的副校长。她给我讲了一个故事。

她说她昨晚开车从学校回家，发现前面有一个开敞篷车的男人。那是一个温暖和煦的早春夜晚，男人把敞篷车的车篷打开，车窗都摇了下来。他将手臂靠在驾驶员一侧的门上，手指随着广播中的音乐打着节奏。微风拂过他的头发，他的头也随着节奏摇晃。

罗比变更了车道，开得离他更近了些。从她的那一侧，能看到男人脸上挂着淡淡的微笑，那是当独自一人开心地沉浸在自己的思绪中时才有的心不在焉的微笑。罗比想："哇，这人简直就是享受当下的典范。"

敞篷车终于拐了个弯，罗比这才看到男人的正脸。"天哪，"

她自言自语道,"是兰迪·波许!"

她看到我,感到十分震惊。她知道我的癌症病情特别严重,但正如她在邮件中所写的那样,她还是非常感动,因为我看起来很满足。在那个私密的时刻,我显然心情很好。罗比在邮件中写道:"你不会知道,看见你的那一瞬间对我的一天有多大的影响,你提醒了我人生的意义在哪里。"

我将罗比的邮件读了好多遍,这封邮件在我眼里渐渐变成了一种反馈。

在治疗癌症的过程中,想保持乐观并不容易。当你面对可怕的疾病时,了解自己真实的情感十分困难。我怀疑在与别人相处时,我的行为中是否有表演的成分,是不是偶尔会强迫自己表现出坚强乐观的一面。许多癌症患者都觉得自己必须装作很勇敢,我是不是也在这么做呢?

但是罗比在我没有防备的时刻遇见了我,我想她看到的就是真实的我,就是我那一晚的真实状况。

她这一小段话对我而言意义重大。她让我用全新的角度观察自己:我还是能专心投入,我还是知道生活很美好,我还是活得不错。

荷兰叔叔[1]

认识我的人都会说，我一向自我肯定，感觉良好。我习惯表达自己的见解和想法，对于无能的人或事缺乏耐心。

这些品质通常对我有所帮助，但是无论你信不信，有时我也会给人留下傲慢、不知变通的印象。这时，那些能帮你调整状态的人就变得至关重要。

我的姐姐塔米就不得不忍受我这个自以为无所不知的弟弟。我总是告诉她该做什么，仿佛我们出生的顺序是个错误，而我一直坚持不懈地想纠正这个错误。

我七岁、塔米九岁时，有一次我们在等校车，我像往常一样在那儿高谈阔论。塔米觉得她受够了，于是拿起我的铁饭盒，在校车停下来时，把它扔到了一摊稀泥里……我姐姐后来

---

[1] 指严厉或直率的批评者。

被叫到了校长办公室，而我则被送到帮我洗了午餐盒的清洁工那儿，清洁工扔了我沾满稀泥的三明治，还好心地给了我一点儿钱买午餐。

校长对塔米说他已经给我们的母亲打了电话。"我要让她处理这件事。"他说。我们放学回家后，妈妈说："我要让你们的父亲处理这件事。"这一整天，我姐姐都在紧张地等待她的命运。

父亲下班回家后听了事情的经过，笑了起来。他不准备惩罚塔米，就差没恭喜她了！我是个欠教训的小孩，就该把我的午餐盒扔到稀泥里。塔米松了一口气，而我则受了一通教训……尽管我并没有完全领会这个教训。

等我去布朗大学读书时，已经颇有些威望了，而且谁都看得出我自命不凡。斯科特·谢尔曼是我大一时认识的好朋友，现在回忆起来，他觉得我当时"一点儿也不会处事，是公认的那种处处得罪人的人"。

我通常意识不到自己表现如何，因为我一直过得挺顺利，学习也很好。安迪·范·达姆教授是学校计算机科学系的传奇人物，他选了我做他的助教。众所周知，他要求很高，但是他喜欢我。我对很多事情都充满热情，这是优秀的好品质。但是像许多人一样，我的优点也是我的缺点。在安迪看来，我过于固执、自以为是，还不懂变通、爱唱反调，总是滔滔不绝地发表自己的观点。

有一天，安迪带我去散步。他搂着我的肩膀说："兰迪，有人觉得你很傲慢。这真遗憾，因为这样会限制你的发展。"

回想起来，他的措辞堪称完美。他实际上是在说："兰迪，你就是个混蛋。"但是他说话的方式让我容易接受他的批评，就像是我的偶像在说我需要听取的话。以前有一种说法叫"荷兰叔叔"，指的是坦率地给你建议的人。现在很少有人愿意这样做了，因此这种说法已经过时，很多人甚至不知道它是什么意思。（最有趣的是安迪确实是荷兰人。）

自从我的演讲在互联网上传播开来，许多朋友都拿这一点打趣过我，叫我"圣·兰迪"。他们是在提醒我，我曾经也有过"更有意思"的外号。

我承认我的缺点都是社交方面的，而不是道德方面的。我很幸运，这些年来有像安迪那样的人帮助我，他们都很关心我，会把我需要的逆耳忠言告诉我。

怪舅舅

有很长一段时间，我都是个"单身汉舅舅"。我二三十岁时还没有孩子，姐姐的两个孩子克里斯和劳拉就成了我关爱的对象。我沉迷于兰迪舅舅这个角色，几乎每个月都会见他们几次，帮他们从全新的角度认识世界。

我并不是溺爱他们，只是想把我的人生观传授给他们。这种做法有时会把我姐姐气疯。

有一次，大概是十二年前，那时克里斯七岁、劳拉九岁，我开着崭新的大众敞篷车去接他们。"在兰迪舅舅的车里小心点儿。"我姐姐对他们说，"上车前把鞋子擦干净，别把车里弄乱，也别把车子弄脏了。"

以"单身汉舅舅"的身份，我认为："就是这种警告才会让孩子失败。而且他们最后肯定会把我的车弄脏的，孩子们控制不住自己。"所以我把事情变简单了。当我姐姐在那儿一条条讲规矩时，我故意慢慢地打开一罐汽水，把罐子倒过来，把汽水都倒在了敞篷车后座的布座椅上。我借此传达了一个信息：人比东西更重要。即便是像我的敞篷车这样崭新漂亮的东西，也不过是件东西罢了。

倒汽水的时候，我观察着克里斯和劳拉，他们张着嘴，睁大眼睛。他们觉得兰迪舅舅疯了，完全不遵守成人世界的规则。

倒那罐汽水是正确的，因为就在那个周末，克里斯得了流感，在后座上吐得到处都是。他没有感到内疚，反倒松了口气——他已经看过我对汽车的洗礼了，知道这样做没关系。

孩子们和我在一起时只有两条规矩：

1. 不许哭哭啼啼。
2. 无论我们一起做什么，都不能告诉妈妈。

"不告诉妈妈"这条规矩让我们做的每一件事都成了海盗般的冒险，连平淡无奇的事也变得充满魔力。

大多数周末，克里斯和劳拉都会在我的公寓住。我带他们去查克芝士儿童餐厅，或是出门远足，或是去博物馆。有些特别的周末，我们会在有游泳池的酒店里度过。

我们喜欢三个人一起做薄煎饼。父亲过去常常问我："为什么煎饼得是圆的呢？"我也有同样的疑问，所以我们总是做各种奇形怪状的动物煎饼。我很喜欢做这种薄煎饼时的随意性，因为每做一个动物薄煎饼都是在无意识地进行罗夏墨迹测验[①]。克里斯和劳拉会说:"这不是我想要的动物形状。"但这能让我们看着薄煎饼的形状,想象它会是什么动物。

我是看着克里斯和劳拉长大成人的。现在劳拉二十一岁,克里斯十九岁。这些日子,我比以前更感激我能参与他们的童年,因为我终于意识到,我不太可能见到自己的孩子六岁以后的样子了,所以与克里斯和劳拉共同度过的时光显得弥足珍贵。我参与了他们的人生,从他们的孩提时期到青少年时期,再到成人时期。这是他们给我的礼物。

最近,我让克里斯和劳拉帮我一个忙。在我去世后,希望他们在周末时带我的孩子到处走走,做些什么,任何他们觉得有趣的事都行,不一定是我们以前一起做过的事。他们可以让孩子们做决定,迪伦喜欢恐龙,或许克里斯和劳拉可以带他去自然历史博物馆;洛根喜欢体育,或许可以带他去看匹兹堡钢人队的橄榄球比赛;克洛伊喜欢跳舞,他们可以想想有什么能玩的。

我还希望外甥和外甥女可以直接告诉我的孩子们:"你们的

[①] 著名的人格测验,由瑞士精神科医生、精神病学家罗夏创立,通过向被试者呈现标准化的由墨渍偶然形成的图形,让被试者自由观看并说出由此联想到的东西,然后加以分析,进而对被试者人格的各种特征进行诊断。

爸爸让我们和你们一起玩,就像他和我们一起玩一样。"其次,我希望他们能向我的孩子解释,我为了活在世上,曾经有多么努力,我接受了最艰难的治疗,因为我想尽可能多陪伴孩子一点儿时间。这是我想让劳拉和克里斯传达的信息。

哦,还有一件事。如果孩子们弄乱了他们的车,我希望克里斯和劳拉到时候会微笑着想起我。

我与"墙"的罗曼史

我一生中遇到过的最难翻越的墙只有五英尺六英寸[①]高,而且异常美丽。但是它却让我流泪,让我重新审视自己人生的价值,让我无助地打电话向父亲求助,问他怎样才能攀上这堵墙。

这堵墙就是杰伊。

正如我在演讲中所说,我在职业生涯中总是擅长翻过一堵堵墙。我并没有告诉听众我追求妻子的故事,因为我知道这会让自己情绪失控。但是,我在讲台上说的话完全适用于刚刚认识杰伊的那段时光。

"……墙之所以存在,就是为了拦住愿望不够强烈的人,拦住那些无关人等。"

我刚认识杰伊时,还是一个三十七岁的单身汉。我到处约

---

① 约为 1.68 米。

会，享受人生，当女朋友想认真起来时就分手。好多年来，我都没觉得自己能安定下来。即便是成为终身教授，有能力过上更好的生活之后，我还是住在那个房租四百五十美元一个月的阁楼公寓里，出入都走户外的逃生梯。这地方连我的研究生都不愿意住，因为住在这里有失他们的身份，但对我来说很完美。

有朋友问过我："如果你带女人回家，你觉得什么样的女人会对这儿印象深刻呢？"

我回答说："我命中注定的那一个。"

但我在骗谁呢？我只是个爱享乐的工作狂罢了，像彼得·潘一样永远也长不大，连餐厅里的椅子都是金属折叠椅。没有女人会乐于这样将就的，即便是命中注定的那个也不会。（当杰伊终于出现在我的生命中时，她也没有在这儿将就。）诚然，我有一份好工作，其他条件也不错。但是在任何女人看来，我都不是完美的结婚对象。

我和杰伊相遇在一九九八年的秋天。那时我受邀去位于教堂山的北卡罗来纳大学，做一个关于虚拟现实技术的讲座。杰伊那时三十一岁，是比较文学专业的研究生，在北卡罗来纳大学的计算机科学系兼职。她的工作是接待来实验室的参观者，无论对方是诺贝尔奖得主还是女童子军。在那一天，她的工作就是接待我。

一年前的夏天，我在奥兰多的计算机图形学大会上发言时，杰伊见过我。她后来告诉我，她本想在发言结束后来找我，做个自我介绍的，但没有这样做。当她得知我来北卡罗来纳大学期间由她负责接待我时，便登陆了我的网站。她浏览了我所有的学术成果，然后看到了我奇怪的个人信息——我的爱好是做姜饼屋以及缝纫。她注意到了我的年龄，也没见我提到有妻子或是女朋友，但发现上面有许多我和外甥、外甥女的照片。

她觉得我明显是个离经叛道的人，也很有趣，便对我有了些兴趣，给几个计算机科学界的朋友打了电话。

"你知道兰迪·波许吗？"她问，"他是同性恋吗？"

人家跟她说我不是同性恋。其实，他们还告诉她我是个众所周知的花花公子，安定不下来的（好吧，只是在计算机科学家中算个花花公子罢了）。

而杰伊之前曾和大学时期的恋人有过一段短暂的婚姻，后来他们离了婚，也没有孩子。她对于要不要再开始一段认真的恋情也有些犹豫。

从第一次看到她的那一刻起，我就止不住地盯着她看。当然，她是个美人，当时留着一头秀发，温暖的笑容中带着一丝俏皮。她领我走进一间实验室，去看学生展示的虚拟现实项目。我很难集中注意力去看那些项目，因为杰伊就站在旁边。

很快,我就主动开始向她暗送秋波。但在工作场合眉来眼去不太合适。后来杰伊告诉我:"我搞不清你是对每个人都这样,还是单单对我这样。"相信我,那眼神只对她一个人。

那天有一次,杰伊和我一起坐下,问了我一些关于把软件项目带到北卡罗来纳大学来的问题。那时我已经完全被她吸引住了。那个晚上,我得参加一场正式的员工晚宴,但是问她愿不愿意在晚宴结束后和我喝一杯。她同意了。

整个晚宴中,我都无法集中精力。我希望这些终身教授都能吃得快一点儿,还劝说每个人都不要点甜点。这样八点半的时候我就离开了晚宴,给杰伊打了个电话。

虽然我并不喝酒,但我们还是去了一家酒吧。很快,我就感受到了一种奇妙的吸引力:我真的想和这个女人在一起。按计划,我应该第二天早晨坐飞机回家。但是我对她说,如果她第二天跟我约会的话,我就改签机票。她同意了,我们一起度过了一段美妙的时光。

回到匹兹堡后,我邀请她过来参观,并提出用我的飞行里程来帮她买机票。很明显,她对我有意,但是她有些害怕——我的名声不太好,她害怕自己盲目地坠入爱河。

"我不会去的,"她在邮件中写道,"我想清楚了,我不想谈一段异地恋。对不起。"

当然，我已经被她吸引了，而且觉得这堵墙我能够征服。我送给她一束玫瑰，还附上了一张卡片，上面写着："尽管我很难过，但还是尊重你的选择，祝你一切顺利。兰迪。"

我的礼物奏效了。她登上了飞机。

我承认，我要么是一个无可救药的浪漫主义者，要么是个为达到目的不择手段的人。但是我想和她在一起，我早已坠入爱河，尽管她还在犹豫。

整个冬天，我们几乎每个周末都见面。尽管杰伊不是很喜欢我的直接，也不喜欢我自认为无所不知的态度，但仍然说我是她见过的最积极乐观的人。她还激发出了我的许多优点。我发现自己关心她的幸福快乐胜过一切。

终于，我邀请她搬来匹兹堡。我想送给她一枚订婚戒指，但知道她还是有些畏惧，这样做可能会吓到她。所以我没有给她压力，但她也迈出了第一步：她搬来匹兹堡，自己租了一间公寓。

四月的时候，我在北卡罗来纳大学安排了为期一周的研讨课指导。这样我就能帮她收拾行李，然后我们一起开车带着行李回匹兹堡。

在我到达教堂山后，杰伊说我们需要谈谈。她的态度比任何时候都要严肃。

"我不能去匹兹堡，对不起。"她说。

我不知道她在想些什么，我想要个解释。

她回答说："我们俩永远都不可能。"但我坚持想知道为什么。

"我只是……"她说，"我只是不能像你想要的那样爱你。"然后她又强调了一遍："我不爱你。"

我无比错愕，伤心欲绝，仿佛受到了一记重击。她真的是那个意思吗？

当时场面很尴尬。她不确定自己的感受，我也不确定，只知道我需要搭车回酒店。"能麻烦你送我回酒店吗？还是我叫辆出租车？"

她送我回了酒店，到酒店时，我从后备厢里拖出自己的包，努力不让眼泪流下来。如果一个人能在无比悲伤的同时还保持傲慢和乐观的话，我想我当时做到了："你看，我一直在寻找幸福，我和你在一起真的很幸福，但如果不能和你一起幸福生活的话，我只能去寻找没有你的幸福了。"

在酒店里，我大部分时间都在和父母打电话，告诉他们我撞上了一堵墙。他们的建议妙极了。

"听着，"我爸爸说，"我认为她不是那个意思，这与她之前的行为不相符。你让她离开一直生活的地方，她可能有些迷茫，害怕得要命。如果她真的不爱你，那一切都结束了。但如果她是爱你的,爱情最后会战胜一切。"

我问爸妈,我该怎么办。

"多多支持她,"妈妈说,"如果爱她,就要支持她。"

我也这么做了。那一个星期,我都在上课,待在和杰伊离得很近的办公室里。我去看过杰伊几次,看她过得好不好。"我只是想看看你怎么样。"我是这么说的,"如果有什么我能做的,尽管说。"

几天后,杰伊来电话了。"兰迪,我坐在这儿,脑子里想的全是你,只希望你能在我身边。这能说明些什么,对吧?"

她开始意识到了:她终究还是坠入了爱河。我的父母又言中了,爱情战胜了一切。那个周末,杰伊搬到了匹兹堡。

墙之所以存在是有原因的,就是为了给我们机会,展现自己的愿望有多强烈。

热气球婚礼

匹兹堡有一栋著名的维多利亚式大楼,楼前的草坪上有一棵百年的橡树,我和杰伊就是在那棵树下结婚的。婚礼规模并不大,但是我喜欢浪漫,所以杰伊和我一致决定以一种特殊的方式开启我们的婚姻。

我们离开婚礼现场的时候,乘坐的不是后保险杠挂着易拉罐的车[1],也不是马车。我们登上了一个五彩斑斓的巨型热气球,气球带着我们快速离开地表飞向云端,地面上的朋友和亲人向我们挥手告别,祝我们一路顺风。这是多么值得拍照留念的时刻!

当我们登上热气球时,杰伊整个人容光焕发。"这就像迪士尼电影中的童话结局一样。"她说。

---

[1] 西方婚俗,婚车车尾上会挂一些易拉罐,在行进过程中叮当作响。

然后,热气球在上升的过程中碰到了几根树枝。那声音听起来并不像"兴登堡"号①遇难时那么可怕,但还是让人有些担忧。"没问题的,"驾驶热气球的人说(他是一位"气球驾驶员"),"一般来说,蹭到点儿树枝没关系。"

一般来说?

我们的起飞时间比计划的晚了一些,气球驾驶员说这样难度可能会增大,因为天色越来越暗,风向也变了。"我不能掌控飞行的方向,只能看风向了。"他说,"但是我们应该没事的。"

热气球在匹兹堡市区的上空飞行,在市里三条有名的河流间徘徊。气球驾驶员并不想在这里飞行,他的焦虑显而易见。"我们没有地方降落了。"他自言自语般地低声说道,然后对我们说,"我们得继续找地方降落。"

我们这对新婚夫妇对景色渐渐失去了兴趣。我们三人都在找市区里的大片空地。最后,我们飞到了郊外,气球驾驶员看到远处有一大片田野。他开始专心让热气球降落在那片田野中。"这样应该行了。"他说着便开始快速下降。

我看着下方的田野。田野看上去非常大,但是我注意到在它的边缘有一段铁轨。我顺着铁轨望去,只见一列火车向我们

---

①当时世界上最大的飞艇,1937年载客从法兰克福飞往美国时起火坠毁。

驶来。那时我不再是新郎,而是成了一名工程师,我对气球驾驶员说:"先生,我想我看到了一个变量。"

"一个变量?你们搞电脑的人都这么形容问题的吗?"他问。

"是的,如果我们撞上火车呢?"

他如实回答了我的问题。我们在气球下面挂着的篮子里,而篮子撞上火车的概率很小。然而,在我们落地时,这个巨大的热气球本身(名为"气囊")还是有可能撞上火车的。如果高速的火车与降落的气囊缠绕在一起,我们所在的篮子就会被绳子拖着跑。这样会对身体造成巨大的伤害。

"热气球一落地就跑,越快越好。"气球驾驶员说。这可不是大多数新娘想在婚礼当天听到的话。简单地说,杰伊不再觉得自己像迪士尼童话中的公主了。而我已经开始觉得自己是灾难片中的人物,想着怎样才能在即将到来的灾难中拯救我的新娘。

我看着气球驾驶员的眼睛。我总是信赖那些拥有我不会的技能的人,那时我只是想弄清楚他对这件事有多大把握。在他的眼中,我看见的不只是担忧,还有一丝慌乱和恐惧。我看向杰伊。我们的婚礼到目前为止还算不错。

热气球继续下降,我试图计算降落后我们得以多快的速度跳出篮子逃生。我想,气球驾驶员大概可以自救,如果不能,我也要先把杰伊救出来。我爱她,至于他,我才刚刚认识。

照片是在我们上热气球前拍的

气球驾驶员继续给热气球放气，拉动每一个控制杆。他一心想着赶紧在哪个地方落地。在那一刻，撞上附近的房屋也比撞上高速行驶的火车要好。

当我们紧急迫降到田野中时，篮子猛地一震，上下弹了几下，又向四周弹了几下，最后几乎在地上横着停了下来。在几秒内，气囊就泄了气，耷拉到了地上。所幸气囊并没有撞上飞驶的火车。与此同时，附近高速公路上的人们看到我们降落了，停下车跑过来帮助我们。那场景还真是挺壮观的：杰伊穿着婚纱，我穿着西装，气球没了气，气球驾驶员也松了口气。

我们吓得不轻。我的朋友杰克一直开着车,从地面上追拍热气球。赶过来时,他非常高兴,因为我们在经历了这样的惊魂考验后都还平安无事。

气球驾驶员把瘪了的气球运上卡车,这个时候,我和杰伊花了点儿时间才缓过来。这段经历也提醒着我们,即使是童话般的时刻也存在危险。然后,就在杰克准备送我们回家时,气球驾驶员朝我们小跑过来。"等一下。"他说,"你们订的是婚礼套餐,还送一瓶香槟!"他从车上拿出一瓶廉价的香槟递给我们。"新婚快乐!"他说。

我们虚弱地笑了笑,对他表示感谢。那是我们结婚第一天的黄昏,但到那时为止,一切还算不错。

露西，我到家了[1]

我们结婚不久后的一天，天气温暖，我步行去了卡耐基·梅隆大学，杰伊则待在家中。这一天令我印象深刻，因为这对我们家来说是一个很特别的日子：杰伊在这天达成了"一次撞了两辆车"的成就。

我们的休旅车停在车库里，我的大众敞篷车则停在家门外的车道上。杰伊把休旅车开出车库时，没有意识到还有辆车停在外面，结果两辆车乒乒乓乓地撞上了！

接下来发生的事说明，我们有时会活得像《我爱露西》这部电视剧一样。杰伊整天都在绞尽脑汁地想，等里基从巴巴鲁俱乐部回来后该怎么跟他解释。

---

[1] 美国情景喜剧《我爱露西》中的一句台词。《我爱露西》围绕一个名叫露西的中产阶级家庭主妇展开，主要讲述她家庭生活中发生的趣事。她的丈夫里基·里卡多是一名歌手，经营着一家名叫巴巴鲁的俱乐部。

她觉得最好的方法就是先营造出一种完美的氛围，然后再告诉我这个消息。她把两辆车停在了车库里，再把车库门关上。当我回到家里时，她比平常更关心我这一天过得怎么样。她放了一些轻柔的音乐，做了我最爱的晚餐，但没有穿长睡裙——我没有那么幸运，但她已经几乎是一个完美爱人了。

我们丰盛的晚餐快要结束时，她说："兰迪，我要和你说件事。我开着休旅车撞上了敞篷车。"

我问她这件事是怎么发生的，又问她车的损伤情况。她说敞篷车撞得比较严重，但是两辆车都还能开。"要去车库看看吗？"她问。

"不，"我说，"我们把饭吃完吧。"

她有些吃惊。我没有生气，看起来甚至一点儿都不担心。杰伊很快就会知道，我克制的反应源自良好的教养。

晚餐过后，我们去检查了车子的情况。我只是耸了耸肩，看得出杰伊一整天的焦虑都烟消云散了。"明天早上，"她保证说，"我就去估算一下修理费。"

我告诉她没必要这么做，这些凹痕不用修理。父母从小就给我灌输了这样一个观念，汽车只是从一处移动到另一处的工具。车是用来开的，不是用来展现社会地位的。所以我对杰伊说，我们没必要修复汽车的外表，凹痕和划痕就留在那里好了。

杰伊有些吃惊。"我们真的要开着有凹痕的汽车到处跑吗？"她问道。

"杰伊，你不能只喜欢我的一面。"我对她说，"我没有因为我们拥有的两个'东西'撞花了就生气，你喜欢我的这一面。但这一面的反面是，我认为东西只要能用，就不必去修。这两辆车还能开，我们就这样开吧。"

好吧，这或许让我显得有些古怪。但如果你的垃圾桶或手推车上有个凹痕，你应该不会去买个新的，或许这是因为我们不用垃圾桶和手推车来彰显自己的社会地位或身份。对于我和杰伊来说，我们车上的凹痕是我们婚姻中的一份声明。不是每样东西都需要修补。

新年故事

无论事情有多糟糕，你总能让它变得更糟糕。与此同时，你也总有能力让它变好。这是我在二〇〇一年的跨年夜学到的。

那时杰伊怀着迪伦，已经有七个月了。我们准备在家里看碟，度过一个安静的夜晚，迎接二〇〇二年的到来。

电影才刚刚开始，杰伊就说："我觉得我的羊水破了。"但那不是羊水，而是血。很快她就血流如注，我意识到我们连救护车都来不及叫了。如果我一路闯红灯，只需要四分钟就能赶到匹兹堡的玛吉妇女医院，于是我就这么做了。

当我们到达急诊室时，医护人员已经准备好静脉注射器、听诊器和保险单了。他们很快就确定杰伊的胎盘已经从子宫壁剥离，学名叫"胎盘早剥"。胎盘一旦剥离，胎儿就失去了维持生命的营养。这种情况的严重性无须说明，杰伊的健康和我们孩子的生命都危在旦夕。

几周以来，胎儿的状况并不太好。杰伊基本感觉不到胎儿踢她的肚子，体重也没有增加。我深知主动进行健康检查的重要性，坚持让杰伊再做一次超声波。这时，医生们才发现杰伊的胎盘有点儿问题，孩子的生命力也不够旺盛，所以给杰伊打了一针类固醇来促进孩子肺部的发育。

这很让人不安。但现在在急诊室里，情况变得更不妙了。

"你的妻子可能要休克了。"一个护士说。杰伊受了太多惊吓，我从她的脸上就能看出来。那我呢？我也被吓坏了，但是我在努力保持冷静，评估当时的形势。

我看了看周围。现在是跨年夜的晚上九点，医院里资历老的医生和护士今晚自然都休息。我不得不认为这是一群替补人员，他们能胜任拯救我的妻子和孩子的任务吗？

然而，这些医生和护士很快就改变了我的印象。就算他们是替补人员，也一定是十分优秀的替补。他们完美地掌控着一切，既迅速又镇定，一点儿都不慌张。他们的每一个动作都井然有序，像是知道该如何高效地完成任务。他们所说的话中也没有任何漏洞。

杰伊很快就被推进手术室进行剖腹产，这时她问医生："情况很严重，是吗？"

我非常佩服医生的回答，这个答案对当时的我们来说是完美的。"假如我们真的没把握,就不会让你签那一张张保险单了,对吧?"她对杰伊说,"我们就不会这样浪费时间了。"医生的话有道理。我想知道她是不是经常使用这种"医院公文"般的套话,一次又一次地来缓解病人的焦虑。

无论如何,她的话都起了作用,接着麻醉师就把我拉到了一旁。

"听着,你今晚有个任务,"他说,"这个任务只有你能完成。你的妻子快休克了。如果她真的休克了,抢救也不是件容易的事。所以你必须让她保持镇定,我们希望你让她保持清醒。"

大家似乎默认,丈夫在妻子生孩子的时候会起一点儿实际的作用。"呼吸,亲爱的。好,继续呼吸。好。"我爸爸一直认为这种辅助生产的文化很可笑,因为他的第一个孩子出生时,他正在外面吃芝士汉堡。但是我现在有一个真正的任务了。麻醉师的话很简单,但我领悟到了这个任务的重要性。"我不知道你该对她说什么,也不知道该怎么说,"他对我说,"我相信你能想到办法的。当她恐慌时,只要让她保持镇定就行。"

剖腹产手术开始了,我紧紧地握着杰伊的手。我能看到发生了什么,但是她看不见。我决定用平淡的语气告诉她发生的一切,告诉她真相。

她嘴唇青紫,整个人都在颤抖。我抚摸着她的头,然后用双手握住她的手,试图用一种平实又让人安心的语气向她描述手术的过程。而杰伊则竭尽全力保持清醒,保持冷静。

"我看到孩子了,"我说,"快出来了。"

她泪流满面,没能问那个最难问出口的问题。但我知道她要问什么。"他在动。"

这个孩子,我们的第一个孩子迪伦,发出了一阵惊天动地的哭嚎,像是谋杀案发生了一样。护士们笑了起来。"这下好了。"有人说。早产儿出生时如果没有精神,麻烦就大了,如果能大吵大闹,他就是个斗士,能茁壮成长。

迪伦重两磅十五盎司①,头和棒球一般大,但是好在他能自己呼吸。

杰伊情绪激动,大大地松了口气。她微笑时,我看到她青紫的嘴唇慢慢变回了正常的颜色。我为她骄傲,她的勇气让我惊讶。是我让她避免了休克吗?我不知道,但是为了让她保持清醒,我尽自己最大的努力去说、去做、去感受了,也尽自己最大的努力不去恐慌。或许这些还是起了作用。

迪伦被送进了新生儿特护病房。这时我才意识到,这些孩子的父母尤其需要医护人员的宽慰。玛吉医院的医护人员在传

---

①约为1.33千克。

达两类互相矛盾的信息时做得特别好。他们会告诉家长：第一，你们的孩子是特殊的，我们也明白他有特殊的医疗需求。第二，别担心，我们这里治好过无数个像你们的孩子一样的病人。

迪伦一直以来都没有使用过人工呼吸机，但我们每天都担心他的情况会急转直下。庆祝我们的家庭新成员的诞生似乎还为时过早。每天我和杰伊开车去医院时，脑海中都有一种说不出口的担忧："我们到医院时，孩子还活着吗？"

有一天，当我们到达医院时，发现迪伦的摇篮不见了。杰伊几乎崩溃，我的心脏也怦怦直跳。我抓住了离我们最近的护士，真的是抓住了她制服的翻领，连一句完整的话都说不出来。我喘着粗气，断断续续地发问，语气中充满了恐惧。

"那个孩子，姓波许的，在哪儿？"

在那一刻，我不知该如何形容，感觉身体被掏空了。我害怕他们马上要让我去那个我从来没去过的黑屋子。

但是护士笑了起来。"哦，你的孩子状况很好，所以我们把他移到楼上的开放式摇篮去了。"她说。孩子之前一直待在所谓的"封闭摇篮"里，其实就是恒温箱，这么说会好听点儿罢了。

我们松了口气，跑上二楼的病房。这就是迪伦哭着喊着一点点长大的地方。

迪伦的出生提醒了我我们命中注定应该扮演的角色。假如我和杰伊崩溃了，事情会变得更糟糕。假如她当时过于歇斯底里，就会休克。而假如我任由自己惊慌失措，在手术室里就会帮不上一点儿忙。

在这场严酷的考验中，我们一次都不曾对彼此说过："这不公平。"我们只是不断坚持，意识到自己可以做一些力所能及的事，让事情向好的方向发展……而我们也是这么做的。我们的态度不言而喻："只管向前走就行了。"

父亲的嘉奖令

父亲在二〇〇六年去世后,我们去整理了他的遗物。他的人生很丰富多彩,他的遗物也是他一生冒险的证明。我找到了几张照片,其中一张上,父亲还很年轻,正在拉手风琴;另外一张照片上,父亲是个穿着圣诞老人服装的中年男子(他就喜欢扮圣诞老人);一张别的照片上,父亲已经是一位老人,抱着一个比他还大的玩具熊;还有一张照片是在他八十岁生日时照的,他和一群二十多岁的年轻人一起玩过山车,脸上绽放着笑容。

在父亲的遗物中,我偶然发现了一些神秘的东西,让我不禁微微一笑。爸爸有一张单人照片——看起来像是二十世纪六十年代初照的。他穿着夹克,系着领带,在一家杂货铺里,手上捧着一个棕色的小纸袋。我一直不知道袋子里究竟是什么,但以我对父亲的了解,肯定是很酷的东西。

下班后,他经常带一些小玩具或者糖果回家,然后用一种

穿军装的父亲

夸张的、充满戏剧性的方式拿出来。对我们来说，他拿出东西的方式比东西本身更有趣。那张捧着纸袋的照片让我想起了这些。

父亲还保留着一堆文件，有些是跟他的保险生意有关的信件，有些是和他的慈善项目相关的文档。在这堆文件中，我们找到了一张一九四五年签发的嘉奖令，那时父亲还在军队中服役。嘉奖令是由第七十五步兵师师长签发的，用以表彰父亲的"英雄事迹"。

一九四五年四月十一日，父亲所在的步兵连遭到德军的猛烈攻击，在战役刚开始时就有八人伤亡。嘉奖令上说："二等兵波许为救治伤员完全不顾自身安危，附近还有炮弹轰炸时就从掩体中跳出。该士兵救治伤员十分及时，所有伤员都得以成功撤离。"

我突然意识到，我的父亲在二十二岁那年就获得了象征英勇行为的青铜星章。

在我父母的五十年婚姻中，在我和父亲的无数次对话中，他从未提起过这件事。而我在他去世几星期后，又从他那里学到了牺牲的意义，还有谦逊的力量。

杰伊

我问过杰伊,在我的诊断结果出来之后她学到了些什么。她说学到的东西都可以写成一本书了,书名就叫《忘了最后的演讲吧——这才是真实的故事》。

我的妻子是个坚强的女人。我喜欢她的直率和踏实,喜欢她对我的直言不讳。即使是现在,在我还剩下几个月的生命时,我们仍在努力让彼此像平常那样交流,仿佛一切都没有改变,我们还能在一起生活几十年。我们一起讨论,有时会感到挫败,有的也会生彼此的气,然后又和好如初。

杰伊说她还在研究该怎么对付我,而且颇有长进。

"你总是一副科学家的样子,兰迪。"她说,"你想讲科学?那我就跟你讲科学。"她以前都对我说她的"直觉"是怎样的,现在改用数据来说服我了。

比如,在过去的这个圣诞节,我们本应去我家过节,但我的家人都得了流感。杰伊不想让我和孩子冒患上流感的风险，但我认为我们应该去，毕竟我和家人相处的机会不多了。

"我们都保持点儿距离，"我说，"我们不会有事的。"

杰伊知道她需要专业理论的支持。她给一个当护士的朋友打电话，又给家附近的两个医生打了电话，得到了他们的专业意见。他们认为带孩子去是不明智的。"我咨询了第三方的医学权威，兰迪。"她说，"这是他们得出的结论。"看到这样的论据，我让步了。我自己匆匆见了家人一面，杰伊则留在家中陪孩子。（我并没有患上流感。）

我知道你们在想什么。像我这样的科学家，可能并不是那么好相处的。

杰伊用她的坦率来与我相处。当我偏离正轨时，她会告诉我或是警告我："有件事让我很苦恼，我不知道是什么，等我弄清楚了再告诉你。"

与此同时，考虑到我的病情，杰伊说她正学着对一些小事睁一只眼闭一只眼。这是我们的心理咨询师给的建议。赖斯医生非常擅长帮助夫妻一方患有绝症的家庭重新规划生活。像我们这样的婚姻，就需要想办法适应"新常态"。

我喜欢随手乱扔东西。无论干净衣服还是脏衣服，都扔得到处都是，浴室里的下水口也常常堵塞。这些都让杰伊崩溃。

在我生病之前,她总是会抱怨几句。但现在,赖斯医生建议她不要让这些小事影响我们的关系。

显然,我应该更爱干净一些,我应该向杰伊道歉。但是她也应该停止向我抱怨那些琐事。我们真的要把在一起的最后几个月浪费掉,为我没有把卡其裤挂起来而争吵吗?我们不想这样。所以现在杰伊只是把我乱扔的衣服踢到角落里,然后一切如常。

我们的一个朋友建议杰伊写日记,杰伊说这样挺有用的。她把我惹恼她的那些事都记在里面。"兰迪今晚没把盘子放进洗碗机里,"有一天晚上她写道,"他把盘子留在桌子上,然后就去研究他的电脑了。"她知道我是忙着去网上查可行的治疗方案。但是,留在桌上的盘子还是让她恼火。我不怪她。杰伊把她的感受写了下来,感觉好些了,我们又一次避免了争吵。

杰伊尽量关注当前的每一天,而不是总想着未来那些不好的事。"如果我们每天都在为明天惴惴不安,这样对谁都没好处。"她说。

但在上一个跨年夜,我们一家人的情绪却很激动,甜蜜的气氛中又带着苦涩。那天我们庆祝了迪伦的六岁生日。我们心存感激,因为我成功地活到了新的一年。但是,我们又回避着"房间里的大象"——明年的跨年夜,我不会和他们一起度过了。

那天,我带迪伦去看了场电影,名叫《马格瑞姆的神奇玩具店》,说的是一个玩具工匠的故事。我在网上看了这部电影的介绍,但其中并没有提到马格瑞姆先生把玩具店交给学徒之后就结束了自己的生命。在电影院里,坐在我腿上的迪伦为马格瑞姆先生的死哭个不停。(迪伦那时还不知道我时日不多了。)如果我的人生是一部电影,我和迪伦的这一幕就会被影评人抨击为过于直白的铺垫。但是,我至今都记得电影中的一句台词。娜塔莉·波特曼饰演的学徒对达斯汀·霍夫曼饰演的玩具工匠说,他不能死,他必须活下去。而他的回答是:"我已经活过了。"

那天夜里,随着新年的临近,杰伊觉察到我心情沮丧。为了让我高兴起来,她回顾了过去一年发生的事,又挑了几件值得高兴的事说了说。我们有过一段只有我们两个人的浪漫旅行。如果不是癌症让我意识到时间的宝贵,我们是不会有这样一段旅行的。我们还看着孩子们一个个长大,我们的家也充满了健康向上的能量,还有许许多多的爱。

杰伊发誓,她会一直陪伴着我和孩子们。"为了你们四个人,我能忍受这一切,继续这样过下去。我一定会的。"她保证道。

杰伊还对我说,她最喜欢看我和孩子们互动了。她说每当克洛伊和我说话,我就变得神采飞扬。(才十八个月大的克洛伊已经会说四个字的句子了。)

过圣诞节的时候，我在圣诞树上挂彩灯的方法很不寻常。我本应该向迪伦和洛根示范小心谨慎的做法，但我却让他们随意一点儿。他们想怎么把小彩灯扔上去，我都无所谓。我们把整个混乱的过程都拍了下来，杰伊说这是一个"奇妙的时刻"，是她最爱的一家团聚的时刻。

* * *

杰伊浏览过那些专门为癌症患者及其家人设置的网站，她能在上面找到一些有用的信息，却无法停留太长的时间。"上面许多文章的开头都是'鲍勃的斗争结束了''吉姆的斗争结束了'，总是看这些东西不太好。"她说。

然而，其中一篇文章却促使杰伊行动起来。那是一位妻子写的，她的丈夫患了胰腺癌。他们推迟了一家人一起去旅行的计划，结果还没来得及重新安排，丈夫就去世了。"想去旅行就去吧，"那个女人对其他患者家属这样建议，"要活在当下。"杰伊下定决心要这样做。

杰伊认识了当地一些身患绝症的人的配偶，觉得和他们交流很有帮助。如果她想抱怨或发泄一下压力，和这些人对话能帮她宣泄情绪。

与此同时，她还尽量多想我们在一起的欢乐时光。我追求她时，每周都要送给她一束花。我在她的办公室里挂过毛绒玩具。除了我做过的那些夸张得吓到她的事，她还是很喜欢这些。最近，她说她一直在回忆那个浪漫的兰迪，这让她开心，能帮她渡过难关。

顺便说一句，杰伊已经实现了许多童年时期的梦想。她想拥有一匹马。（这个一直没有实现，但是她骑过很多次。）她想去法国。（这个实现了，大学期间她在法国待了一个夏天。）最重要的是，她在少女时代就梦想有一天能有自己的孩子。

我希望自己有更多的时间来陪她实现别的梦想。但是她想要孩子的伟大梦想实现了，这对我们俩来说都是莫大的安慰。

杰伊和我谈起我们这一路走来她的收获，她说我们在彼此支持、并肩奋战的过程中收获了力量。她说很感激我们能真心地交流。她还告诉我在房间里乱扔衣服有多烦人，但考虑到各方面因素，她还是放了我一马。我知道，在她开始写日记前，我就应该把这些乱七八糟的东西收拾好，这是我欠她的。我会更加努力的。这是我的新年愿望之一。

真相能让你逃过一劫

最近,我在弗吉尼亚的新家附近因为超速被警察拦了下来。我有些心不在焉,开车时的速度超过了限速几英里。

"请出示你的驾驶证和行驶证。"警察对我说。我出示了两个证件,他注意到我的宾夕法尼亚驾照上的地址填的是匹兹堡。

"你在这里干什么?"他问,"你是和军方一起的吗?"

"不是的。"我解释道,我刚搬来弗吉尼亚州,还没有时间重新登记。

"那么,你为什么来这里呢?"

这个问题很直接,我也没多想,就给了他一个直截了当的答案。"警官,"我说,"既然你这么问,我就直说了:我已经是癌症晚期,还有几个月的时间。我们搬到这里来,是因为这里离我妻子家比较近。"

警察抬起头,眯着眼睛看着我。"所以你得了癌症。"他的语气有些平淡。他在审视这个人：我是真的快死了，还是在说谎？他凝视着我。"作为一个还剩几个月的人，你的气色倒是很不错。"

很明显，他在想：要么这个人扯了一个天大的谎来骗我，要么就是在说实话。究竟是哪个，我也没法知道。这对他来说并不容易，因为他想做的事几乎不可能做到。他想对我的话提出质疑，又不能直接说我是个骗子。所以他得让我证明自己没有说谎。我该怎么证明呢？

"警官，我知道我看起来非常健康。这挺讽刺的。我外表看起来健康，但是癌症在我身体内部。"然后，我也不知道中了什么邪，但这么做了：我掀起了自己的上衣，露出手术留下的疤痕。

警察看了我的疤痕，又看了看我的眼睛。他的脸上写着：我现在知道我在和一个濒死之人说话了。就算我是个最厚颜无耻的骗子，他也不想这么跟我耗下去了。他把驾驶证还给了我。"行行好，"他说，"现在开始，慢点儿开车。"

可怕的真相让我逃过一劫。在他走回警车时，我意识到了这一点。我可从来都不是那种眨眨眼就能逃脱罚单的金发美女。我开车回家，速度控制在限速之下，脸上挂着选美皇后一样的微笑。

帮助别人
实现梦想

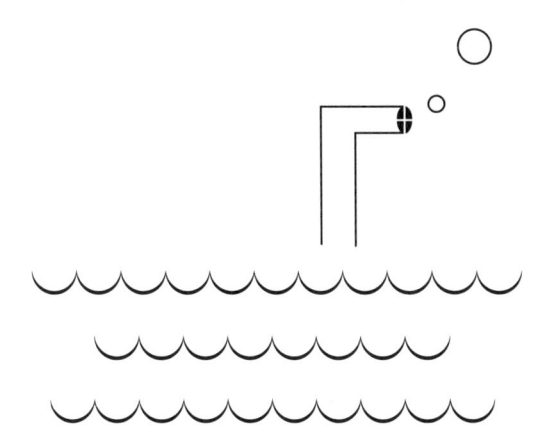

时间管理

有一天，杰伊让我去买些杂货。我找齐购物清单上的东西后，觉得走自助结账通道会更省时间。我把信用卡插入机器中，按照上面的指示，一件件扫描着自己的东西。机器发出声响，告诉我一共十六美元五十五美分，但是没有打出小票。所以我又刷了一次信用卡，从头来了一遍。

很快，两张收据打了出来，机器收了我两次钱。

那时，我得做个决定。我可以找经理来，告诉他发生了什么，填一张表格，带着我的信用卡去收银处退回十六美元五十五美分。整件事既无聊又折磨人，可能要花十到十五分钟的时间，对我来说毫无乐趣可言。

考虑到我时日无多，我真的要把宝贵的时间浪费在退款上吗？不要。我能承受这多付的十六美元五十五美分吗？可以。所以我离开了商店，对我来说，十五分钟的时间比十六美元更让人快乐。

我一直都知道时间是有限的。我承认,自己对许多事情都过于理性了,但是我深信在自己执着的事情中,最有用的一件事就是合理安排时间。我建议学生们做时间管理,也做过相关的演讲。因为我非常擅长时间管理,我真的觉得自己能将整个人生浓缩在剩下的短暂时间里。

我是这样想的:

时间就像金钱,必须有详细的计划。 我的学生有时会对他们所谓的"波许主义"嗤之以鼻,但是我却坚持这种观点。为了提醒学生们别把宝贵的时间浪费在无关的细节上,我对他们说:"你把栏杆的下沿擦得再亮也没什么用。"

计划随时可以更改,但前提是你得有个计划。 我坚信任务清单非常有用,能帮助我们把人生分为一个个小步骤。我曾经把"成为终身教授"放在我的任务清单里,这有点儿不切实际。最有用的任务清单会把任务分成一个个细微的步骤,就像我鼓励洛根收拾房间时要一件件地收拾一样。

问问自己:你是否把时间花在了对的事上? 你可能有自己的事业、目标和兴趣,但这些都是值得追求的吗?我一直保存着从弗吉尼亚州罗阿诺克市的报纸上剪下的一篇新闻,上面有一张孕妇的照片,她因为担心手提钻的噪声会伤害自己未出生的孩子,所以在当地的一个工地进行抗议。但是请注意：照片中，孕妇的手中拿着一根香烟。如果她在意未出生的孩子，那么她浪费在抗议手提钻上的时间完全可以用来把烟掐灭。

培养良好的整理习惯。我对杰伊说，我想在家里找一个专门的空间用来储物，把所有东西按音序归类。她说，这在她看来算是强迫症了。我对她说："按音序整理总归是好的，不然得到处找，找不到时还会说'我记得那是蓝色的，上次看到它的时候我还在吃着什么东西'。"

重新考虑如何使用电话。美国人把大量的时间浪费在了等待电话接通上，总是听着"您的来电对我们十分重要"。这就像一个男人在第一次约会时打了女孩一耳光，然后说："我是真的爱你。"现代的客户服务就是这样。而我选择拒绝。我从来不把电话放在耳边等待接通，而是打开免提，这样我就能做些别的事。

我还在总结能缩短不必要的通话时间的方法。如果我在打电话的时候是坐着的，就绝对不会把腿跷起来。其实，打电话的时候最好站着，这样就会快点儿结束通话。我还喜欢在桌上的视线范围内放些想处理的东西，这样就能敦促我快点儿结束通话。

这些年来，我又学会了其他的电话技巧。想快速打发电话推销员吗？在你说话的中途挂上电话，他们以为你的信号不好，就会打下一个电话去了。想要打个简短的电话吗？在上午十一点五十五分的时候打电话，就在吃午饭前，对方很快就会说完。你也许觉得自己是个有趣的人，但可没有午饭有趣。

给别人委派任务。作为一个教授，我很久以前就知道我可以信任聪明的十九岁学生，可以把我的王国的钥匙交给他们，而他们大多数时候也是值得信任的。把任务委派给别人永远都不嫌早。我的女儿克洛伊才刚刚十八个月。我最喜欢的两张照片是她依偎在我怀里的那两张。第一张照片中，我在用奶瓶给她喂奶。在第二张照片中，我就把任务委派给了她，她看上去十分满足。我也是。

休息一下。如果你在休假时还得查看邮件或电话留言，就不算是真正的休假。我和杰伊度蜜月时就不想受到打扰。但是，我的老板觉得我得给别人留个联系方式。所以我想到了一个完美的电话留言：

"嗨，我是兰迪。我等到三十九岁才结婚，所以要和妻子离开一个月去度蜜月。虽然我的老板介意，但希望你不要介意。显然，我得保持联络畅通。"然后我说出了杰伊父母的姓名和他们所住的城市。"如果你使用电话查号服务，能查到他们的号码。然后，如果你能说服我的岳父岳母，你的情况紧急到了要打扰他们独生女的蜜月，他们会给你我们的电话。"

克洛伊依偎在我怀里

我们一通电话都没有接到。

我的时间管理建议中,有的十分正经,有的则像开玩笑,但我相信这些建议都是值得考虑的。

你拥有的只是时间。有一天,或许你会发现你拥有的时间比想象的要少。

改过自新的混蛋

教育界有一种广为接受的陈词滥调，那就是"教师的首要目标应该是帮助学生学会如何学习"。

当然，我知道这个想法有一定的价值，但是我心目中有一个更好的目标：帮助学生学会自我评价。

他们能认识到自己真正的实力吗？他们了解自己的缺点吗？他们能真实地看待他人对自己的看法吗？

归根结底，教育者对学生最大的帮助就是让他们多多自省。每个人进步的唯一方法——就像格雷厄姆教练教我的那样——就是培养出正确地评价自我的能力。如果我们无法准确地评价自我，又怎么能知道自己是在进步还是退步？

一些老派的人会抱怨，现在的高等教育简直像是客户服务。学生和家长认为他们高价购买的是一种产品，所以希望这种产品体现出可量化的高价值。就像他们是进了一家百货商店，只不过买的不是五条名牌牛仔裤，而是五门课程。

我并不完全反对客户服务的比喻，但认为应该用更合适的行业来比较。高等教育并不是零售业，相反，我更愿意将大学学费比作健身房里的私人教练费用。我们教授相当于教练，让人们能够正确使用器材（书本、实验室、其他专业知识），而我们的工作就是要严格要求。我们要确保学生竭尽全力，在他们值得表扬时提出表扬，在他们还能更努力时请他们加把劲儿。

最重要的是，我们要让他们知道如何自我评价，知道自己做得如何。在健身房健身有个优点，那就是你只要付出，就能取得显著的成果。在大学里也是这样。教授的职责就是教学生观察他们心智的成长，就像照镜子观察到肌肉的明显增长一样。

为了达到这个目标，我绞尽脑汁想了一些机械的方法，让他们去倾听反馈。我一直在帮助学生养成自己的反馈循环，这并不容易。作为一个教师，我最困难的任务就是让人们接受反馈。（这在我的个人生活中也不容易。）许多家长和教育者已经放弃了这一点，这让我感到悲哀。当他们让学生建立自信时，通常会依靠空泛的夸奖，而不是诚实的评价。我听过许多人说我们的教育体制正在经历螺旋式下滑，而关键原因之一就在于安慰太多，真实的反馈太少。

当我在卡耐基·梅隆大学教授"构建虚拟世界"这门课时，

我们每两周进行一次小组组员反馈。在这门课中，合作至关重要，这在他们的成绩中也会体现出来。学生需要四人一组，完成关于虚拟现实的计算机课题。

我们会把所有小组组员的反馈收集起来，统计在电子表格中。在期末的时候，每个学生都参与了五个课题，每个课题由三个组员对他们进行评价，每个人有十五个数据点。这样他们就能切实直观地用数据来审视自我。

我会做一个彩色的条形图，用简单的标准来给学生的表现排名，比如：

1.他那一组的成员认为他努力学习了吗？他们认为他在课题上花了多长时间？

2.他对课题的研究有创造性的贡献吗？

3.组员认为他是一个好合作的人吗？他是个具有团队精神的人吗？

正如我经常说的那样，特别是第三点，从定义上来说，你的同伴对你的看法，就是对你是否容易合作的准确评价。

彩色条形图非常直观。所有的学生都能知道与四十九名同学相比，自己处于一个什么样的位置。

除了条形图外，还有一些不限形式的小组组员反馈，其实就是些具体的改进建议，比如"别人说话的时候不要插话"。

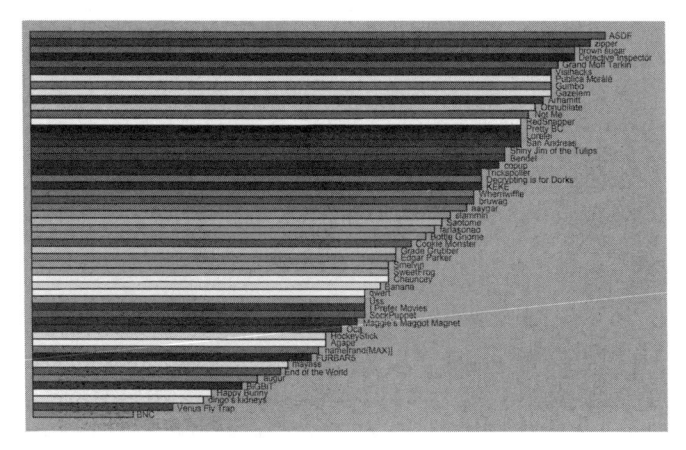

易合作的程度（长条越长越容易合作）

我希望能有不少学生看到这个信息，然后说："哇，我真得加把劲了。"这样的反馈铁证如山，很难忽视，但有的人还是会忽视它。

在我教的一门课中，我让所有的学生用同样的方法相互评价，但是把他们按评价分为四等分，让他们知道自己在所有人当中处于哪一部分。我记得曾经和一个别人觉得特别讨厌的学生谈过话，他很聪明，但是自我感觉太好，以至于对自己的表现一无所知。他看到了自己属于倒数四分之一那部分，但还是无动于衷。

他认为，如果自己是在倒数的四分之一里的话，那肯定在倒数四分之一中名列前茅（而不认为自己会是倒数中的倒数）。所以在他看来，这意味着他几乎是属于上一个等级的，所以他觉得自己"离中等差不了多少"，这就是说，他的同伴认为他还不错。

"我很高兴我们能这样谈一谈，"我对他说，"因为我觉得需要给你一些具体的信息，你不仅是在倒数四分之一的那个部分里，在全班五十名学生中，你的同伴给你的分数也排在倒数第一，是第五十名。你的问题很严重。他们说你听不进别人的话，不好相处，对你的评价都不好。"

那个学生吃了一惊。（他们总是会吃惊的。）他给自己找了种种理由，但我却用沉重的数据打击了他。

然后我对他说了我自己的故事。"我以前也像你一样，"我说，"总是在否认现实。但有个教授关心着我，用真相把我敲醒。而我今天之所以能与众不同，就是因为我当时听了他的话。"

学生瞪大了双眼。"我承认，"我对他说，"我是个混蛋，但是我在慢慢变好。所以，我也有资格告诉你，你也可以像我一样，做一个变好了的混蛋。"

那个学期剩余的时间，这个学生都一直约束着自己。他的确有进步。就像当年安迪·范·达姆对我那样，我帮了他一个忙。

绝地武士

能实现自己的童年梦想自然是激动人心的,但是随着年龄增长,你会发现帮助别人实现梦想其实更有意思。

一九九三年,当我在弗吉尼亚大学教书的时候,有一个名叫汤米·伯内特的二十二岁年轻人想加入我的研究团队,他原先是一个艺术家,后来成了计算机绘图的奇才。在我们谈论过他的人生和目标之后,他突然说道:"哦,我从小时候起就有一个梦想。"

每个在同一句话中提到"小时候"和"梦想"的人都能引起我的注意。

"你的梦想是什么,汤米?"我问他。

"我想参与下一部《星球大战》电影的制作。"他说。

想想,那可是一九九三年。上一部《星球大战》电影可是一九八三年拍的,当时可没有要继续制作这个系列电影的明确计划。我只好解释道:"这个梦想有些难以实现。"我对他说,"据说他们不准备继续拍《星球大战》的电影了。"

"不会的。"他说,"他们还会继续拍的,等他们拍的时候,我就要加入他们当中。这是我的计划。"

一九七七年,当《星球大战》系列的第一部上映时,汤米才六岁。"其他的孩子都想成为韩·索罗。"他对我说,"但我不是。我想成为做特效的人——做那些飞船、星球、机器人。"

他说,他还是个孩子的时候,就看过许许多多他能找到的关于《星球大战》的技术类文章。他几乎买了所有关于如何构建模型、制作特效的书。

汤米说话的时候,我回想起自己小时候到迪士尼乐园游玩的经历,想到了我当时内心的那股冲动:我想马上长大,建造这种游乐设施。我觉得汤米的远大梦想永远都无法实现,但这个梦想可能会对他有些用处。我的团队里需要这样的梦想家。我没能实现进橄榄球联盟的愿望,但在那之后,我知道即便梦想无法达成,我们也会从中受益良多,所以我让他加入了我们的研究团队。

汤米会告诉你,我是个非常严厉的老板。现在他回忆说,我对他要求严格,期待也很高,但他也知道我是为了他好,把我比作高要求的橄榄球教练。(我想我是在学习格雷厄姆教练。)

汤米还说，他从我身上学到的不仅是虚拟现实编程，还意识到同事们需要像家人一样相处。他记得我对他说过："我知道你很聪明，但是这里的每个人都很聪明。光聪明是不够的，我希望我团队里的人能让其他人在这里都感到开心。"

汤米确实成了那种有团队精神的人。我成为终身教授之后，带着汤米和其他团队成员一起去了迪士尼乐园，以示感谢。

在我去卡耐基·梅隆大学之后，弗吉尼亚大学团队里的每一个成员都和我一起离开了——除了汤米。他无法离开，为什么呢？因为他已经加入了制片人兼导演乔治·卢卡斯的工业光魔公司。值得注意的是，他们选择他，并不是因为他加入的意愿有多强烈，而是因为他的技术。他在和我们团队共事期间，已经成为一名出色的 Python 语言程序员，幸运的是，工业光魔公司使用的就是这种语言。所谓幸运，确实就是有准备的人碰上了机遇。

接下来发生的事情就不难猜了。在一九九三年、二〇〇二年和二〇〇五年，他们又拍摄了三部《星球大战》系列的电影，汤米参与了所有电影的制作。

在《星球大战前传2：克隆人的进攻》中，汤米成了首席技术导演。电影中，在一个布满岩石的红色星球上，有一个长达十五分钟的克隆人和机器人打斗的场景，全是由汤米一手设计的。他和他的团队利用犹他沙漠的照片，创造出了虚拟的战争场面。这正是所谓的超酷的工作，汤米的工作让他每天都能在另一个星球上度过。

几年后，他盛情邀请我和学生们去工业光魔参观。我的同事唐·马里内利开启了一个很棒的传统：每年都带学生们去西部旅游，参观那里的娱乐公司和高科技公司，那些公司也许会成为他们在计算机绘图的世界中起步的地方。那时，像汤米这样的人对学生们而言已经是神一般的存在，成为他这样的人成了他们的梦想。

汤米和三个我以前的学生开了一个座谈会，好让我现在的学生和他们交流。现在这群学生还不知道该拿我怎么办。我像往常一样，是一个期望高、要求也严格的老师，不按常理出牌，而他们还没到能欣赏这种风格的时候。这么说吧，对我的喜爱是需要慢慢培养的。而过了一学期之后，有些学生明显对我还是小心翼翼的。

座谈会后来变成了讨论在电影圈迈出第一步有多困难。有人想知道运气有多重要。汤米主动回答了这个问题。"需要非常非常幸运，"他说，"但是你们所有人已经很幸运了，你们能和兰迪一起工作，能向他学习，这就是一种幸运。没有兰迪，就没有今天的我。"

我是个体验过零重力飘浮的人，但是那天我比在零重力中更加飘飘然。汤米觉得是我帮助他实现了梦想，这让我无比感激。但更特别的是，他回报我的方式是帮助我现在的学生们实现梦想（同时也帮助了我）。回想起来，那个瞬间也是我和那群学生的关系的转折点，因为汤米将帮助他人实现梦想的品质传承了下来。

学生们让我大吃一惊

了解我的人都说我对效率有一种偏执。显然,他们说得很对。我总是喜欢同时做两件有意义的事,能同时做三件的话就更好了。这也是我开始反复思考这样一个问题的原因:

如果我能逐一帮助我的学生实现他们儿时的梦想,那能不能一下帮助更多的人呢?

一九九七年,成为卡耐基·梅隆大学计算机科学系的副教授之后,我找到了帮助更多人的方法。我的专业领域是人机互动,于是我开了一门叫"构建虚拟世界"的课程,简称BVW。

这门课的初衷与米基·鲁尼和朱迪·加兰的"让我们来演一出吧"[①]差不多,只不过这是个计算机绘图、三维动画和我们称之为"沉浸式(基于头盔)互动虚拟现实"的时代,因此我做

[①]米基·鲁尼和朱迪·加兰为好莱坞演员,他们合作的系列音乐电影作品中,经常会出现孩子们一起表演歌舞的场景,这句话也是这一系列电影中经常出现的台词。

了相应的升级。

我的课程有五十个名额，可供全校所有院系的本科生选择，他们中有学表演的、英语的、雕刻的，还有学工程、数学和计算机的。这些学生的人生原本可能永远不会有交集，因为卡耐基·梅隆大学各院系都有高度的自主性。但我们还是让这些不太可能合作的孩子成了彼此的搭档，迫使他们一起做无法单独完成的事。

每组的四个人都是随机选出的，他们会在一起完成一个为期两周的课题。我只是告诉他们："构建一个虚拟的世界。"他们就编出程序来，构想出一些东西，向别人展示。然后我会重新分组，他们会有三个新伙伴，再开始一个新的课题。

我对他们的虚拟现实世界只有两个要求：不能有暴力的射击场面，不能有色情场面。我定下这两条规则，主要是因为这些东西在电脑游戏中已经出现过无数遍了，我想要一些新鲜的想法。

当你禁止暴力和性这两个元素时，你会震惊于有多少十九岁的男孩会毫无头绪。然而，我还是要求他们发挥想象力，大部分人都接受了这个挑战。其实，我开这门课的第一年，当学生们呈现出他们初步的想法时，我大吃一惊。他们的作品真的超出了我的想象。值得强调的是，以好莱坞的虚拟现实制作标准看来，他们编程用的电脑特别差，成果却十分耀眼。

那时，我已经当了十年教授。在刚启动BVW课程时，我不知道该作何期待。然而在我布置完第一次任务后，学生们的作品却让我感到惊喜。我手足无措，不知道下一步该怎么做，于是给我的导师安迪·范·达姆打了个电话。

"安迪，我给我的学生布置了一个两周的任务，而他们交上来的成果别说是只用了两周，就算是用了一学期完成的，我也会给他们全都打优。我该怎么办？"

安迪想了一会儿，说："好吧。你就这么办，明天回到课堂上，看着他们的眼睛说：'你们做得不错，但是我知道，你们可以做得更好。'"

他的回答让我目瞪口呆，但我遵从了他的建议，结果证明他是对的。他说我显然不知道该定下多高的标准，如果只是随便定个标准，反而会伤害学生们。

学生们的确一直在进步，也用他们的创意激励着我。许多课题完成得堪称完美，内容十分广泛，从身临其境的泛舟漂流历险到威尼斯的浪漫贡多拉之旅，还有滑旱冰的忍者。有的学生创造出了妙不可言的世界，里面全是可爱的三维生物，都是他们在童年时期梦见过的。

到了展示成果的那天，我走进教室，里面除了我的五十名学生，还有五十个我不认识的人——他们的室友、朋友、父母。以前从来没有父母来过我的课堂！从那时开始，来的人就像滚雪球一样越来越多。后来每到展示的那天，来的人实在太多，我们只好搬到一个大礼堂里。超过四百人来到课堂上为他们喜欢的虚拟现实展示欢呼喝彩，由于人太多，他们只能站着。卡耐基·梅隆大学的校长贾里德·科恩曾对我说过，那感觉就像是俄亥俄州的赛前动员大会，不过这是学术方面的。

在展示那天，我总是能看出哪个课题是最好的，从学生们的肢体动作中就能看出来。如果某一个组的学生站得很近，我就知道他们之间有默契，他们创建的虚拟世界也会值得一看。

团队合作对成功至关重要，这是我最看重的一点。我不知道这些学生能走多远，但问到他们是否能实现自己的梦想，我只有一个答案："在这门课上，你不能单打独斗。"

* * *

我们所做的事能更进一步吗？

在学校的帮助下，我和戏剧学教授唐·马里内利凭空造出了一个格外疯狂的东西——"娱乐技术中心"（网址是 www.etc.cmu.edu），但是我们想把它看作一个"圆梦工厂"：这是一个两年制的硕士学位项目，在这个项目中，艺术家和技术人员会共同开发游乐园设施、电脑游戏、电子动画，还有其他所有他们敢于想象的东西。

"理智"的学校从来不会碰这种东西，但是卡耐基·梅隆大学特许我们打破成规。

我们两个人分别象征着艺术和技术、左脑和右脑、戏剧和计算机。我和唐天差地别，有时会变成彼此的墙，但最终我们总能想方设法把事办成。结果就是学生常常从我们俩有所分歧的方法中学到最好的一种（当然，他们也从我们身上看到了与和自己不同的人合作的方式）。自由主义和团队精神让这栋楼充满了魔力。有的公司很快注意到了我们，想协议连续三年从我们这里招聘学生，这就意味着他们要雇佣那些我们甚至还没录取的学生。

中心百分之七十的工作都是唐做的，因此大部分功劳都属于他。他还在澳大利亚开设了卫星学校，并计划在韩国和新加坡开设分校。全世界有数百名我素昧平生的学生即将实现他们疯狂的儿时梦想。这感觉真棒。

爱丽丝软件

帮助别人实现梦想这个项目可以有各种规模。可以像我对待怀着《星球大战》梦想的汤米那样,提供一对一的帮助;也可以像我们在"构建虚拟世界"课堂上或者娱乐技术中心里做的那样,一次帮助五十或一百个人;如果你有雄心壮志,又有相当的勇气,可以尝试更加宏大的规模——一次帮助数百万人。

开发卡耐基·梅隆大学的软件教学工具爱丽丝,在我看来就是这样一种行为。能够帮忙开发这款工具,我感到非常幸运。爱丽丝能让刚入门的计算机系学生——以及其他任何人,无论老少——轻松地通过制作动画来讲述一个故事、玩互动游戏或是制作视频。爱丽丝采用的三维绘图技术和拖放功能能增加用户的参与度,减少初学编程的挫败感。卡耐基·梅隆大学开发的爱丽丝软件对公众开放,可以免费使用,下载量已超过百万人次。在未来的几年中,预计使用人数将会猛增。

在我看来，爱丽丝具有无限的伸缩性。可以想象，爱丽丝未来将帮助数千万孩子追寻他们的梦想。

从我们二十世纪九十年代开始开发爱丽丝以来，我一直很喜欢的一点是，它能利用"假动作"来进行计算机编程教学。还记得假动作吗？就是当你教人一件事时，让他以为自己在学别的东西。所以学生们以为他们是在用爱丽丝制作电影或电脑游戏。这里的假动作就是，他们实际上是在学习如何成为程序员。

沃尔特·迪士尼希望迪士尼乐园永远建不完。他想让迪士尼乐园一直在扩张，一直在变化。我很高兴由我的同事们开发的爱丽丝也是一样，它未来的版本会比我们过去开发的更好。在更新换代后的版本中，人们会以为他们在写电影剧本，但实际上是在学习Java编程语言。此外，多亏有了我在美国艺电公司工作的朋友史蒂夫·希伯特，我们获准使用史上最畅销的个人电脑游戏《模拟人生》中的人物。是不是很酷？

我知道这个项目交给了很好的团队。爱丽丝的首席设计师丹尼斯·科斯格罗夫是我在弗吉尼亚大学时的学生。我的同事凯特琳·凯莱赫以前也是我的学生。爱丽丝还在开发初期时，她问我："我知道这个工具能让编程变得简单，但是为什么还要做得这么有趣？"我回答道："嗯，因为我是一个有控制欲的男人，就喜欢让小兵模型按我的指令移动，结果看起来就挺有趣。"

于是，凯特琳想知道怎么做才能让女孩子也觉得爱丽丝软件有趣，她认为剧情是吸引她们注意的秘诀。在博士论文中，她建立了"剧情版爱丽丝"系统。现在凯特琳（不对，我是说凯莱赫博士）成了华盛顿大学圣路易斯分校的教授，正在研发新系统，想大大改进年轻女孩的编程初体验。她认为，如果将编程呈现为一种叙事活动，女孩们会更愿意学习如何写程序。实际上，她们真的很喜欢。值得注意的是，男孩子们也被它吸引。人人都喜欢讲故事，这是关于人类这个物种的公认的真理之一。所以在我看来，凯特琳应该获得"史上最佳假动作奖"。

在最后的演讲中，我曾提到过自己现在对摩西的故事有了更深的领悟，理解摩西看到了应许之地却无法踏足是什么样的感受。对于爱丽丝未来的成功前景，我也抱有同样的情感。

我希望通过演讲来呼吁我的同事和学生完成我未竟的事业，想让他们知道，我相信他们能取得伟大的成就。（你可以登录 www.alice.org 来追踪他们的进展。）

有了爱丽丝，数百万孩子就能够在学习艰深知识的同时享受无比的乐趣，学习能帮助他们实现梦想的技能。如果我必须要离开这个世界，至少很欣慰在事业上留下了爱丽丝这份遗产。

所以，不能踏上应许之地也无所谓，能看到那美妙的景象，我就很满足了。

你该怎样生活

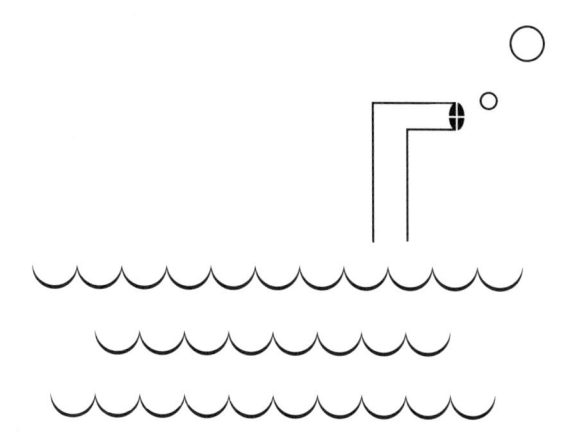

尽管这一部分叫"你该怎样生活",但其实是讲我是如何生活的。我其实是想说:我就是这么做的,结果很有用。

远大梦想

一九六九年的夏天，人类第一次在月球上行走，那时我才八岁。那时候我就知道，任何事都有可能实现。仿佛全世界的所有人都得到了允许，可以拥有远大的梦想。

那时我正在参加一个夏令营，登月舱降落之后，我们所有人都被召集到了一所大农舍前，那儿放着一台电视。在顺着梯子爬出登月舱到月球表面行走前，宇航员准备了很长的时间。我可以理解这一点。他们要带许多装备，要检查许多细节。我很有耐心。

但是夏令营的工作人员一直在不停地看表。那时已经过了十一点。最后，宇航员在月球上做出明智的决定时，地球上的人却做出了愚蠢的决定。时间太晚了，他们让我们所有孩子都回帐篷睡觉。

营长的决定让我无比恼火，我脑子里想着："我们人类第一

电视上的登月画面，感谢父亲的拍摄

次离开地球降落到了一个新的世界上，而你们这些人只想着让我们按时睡觉？"

但是几周后，当我回到家中，才知道爸爸在尼尔·阿姆斯特朗踏上月球的那一瞬间给电视拍了一张照。他为我保存了这一瞬间，知道这能鼓励我怀有远大的梦想。那张照片现在还在我的剪贴簿里。

我理解那些围绕着为何不把数十亿美元用来解决地球上的贫穷和饥荒问题，而是用来把人类送上月球的争议，但是你要知道，我是一个科学家，我认为对人类的鼓舞是最好的善举。

用钱来解决贫穷问题很有价值，但是这样往往只是关注边缘问题。把人类送上月球能激励所有人去发挥人类最大的潜能，这才是解决人类宏大问题的终极方法。

允许自己有梦想吧，也鼓励你的孩子去实现梦想，虽然有时这会让他们错过上床的时间。

十元和十万美元

我十二岁、姐姐十四岁时,我们全家去了奥兰多的迪士尼乐园。父母觉得我们年龄已经够大了,可以自己在乐园里玩一会儿。那时还没有手机,爸爸妈妈只是让我们小心点儿,挑了一个地点约定九十分钟后集合,然后就让我们去玩了。

想想那有多刺激!这是我们能想象的世界上最酷的地方,而此刻我们就在这里,可以自由探索。我们也特别感谢爸妈带我们来,感谢他们承认我们已经长大了,可以独自玩耍了。为了表示感谢,我们决定用零花钱给他们买个礼物。

我们走进一家商店,找到了一个堪称完美的礼物:一个陶瓷的调料罐,造型是两只吊在树上的熊各拿着一个罐子。我们花了十美元买下那个礼物,走出商店,直接穿过主街,寻找下一个景点。

我手上拿着礼物,然而可怕的事情发生了:礼物从我手里滑落，摔碎了。姐姐和我都哭了起来。

一个成年游客看见了事情的经过，走了过来。"把这个拿回商店吧。"她提议，"他们肯定会给你换个新的。"

"我不能这么做。"我说，"这是我自己的错，是我没拿好。商店凭什么要给我们换新的呢？"

"试试也无妨。"那个成年人说，"你也不知道会发生什么。"

所以我们回到了商店里……我们没有说谎，向店员讲述了事情的始末。店员听了我们的悲惨故事，对我们笑了笑，然后告诉我们可以换个新的。他们甚至说这是他们的过错，因为他们没有把之前的那个礼物包装好！他们的意思是，"我们的包装应该能承受住一个十二岁孩子因为过度兴奋，将它掉在地上引起的碰撞"。

我大吃一惊，心里不仅充满感激，还有些难以置信。我和姐姐离开商店时，都感觉晕乎乎的。

父母得知这件事后，对迪士尼乐园的好感大大增加。其实，那个客户服务的决策只需要花费他们十美元，最终却可能给迪士尼带来超过十万美元的收入。

让我解释一下这是怎么回事。

多年之后，我作为迪士尼幻想工程的顾问，有时会和迪士尼的高层聊天。一有机会，我就说起这个调料罐的故事。

我给他们讲礼品店里的工作人员是怎么让我和姐姐对迪士尼产生好印象，又是怎么让我父母对这个地方的喜爱多了一层的。我父母把参观迪士尼乐园变成了志愿活动不可或缺的一部分。他们有一辆二十二座的客车，总用它载着母语不是英语的学生从马里兰出发去参观迪士尼。二十多年来，爸爸给许多孩子买过迪士尼乐园的门票，大多数时候我都和他们一起去。

总而言之，从那天起，我家在迪士尼乐园已经花了超过十万美元，用来为自己和别人购买门票、食物和纪念品。

当我告诉迪士尼的高层这个故事时，总以这样一个问题结尾："如果现在有一个小孩拿着打碎的调料罐出现在你们的商店里，你们的规定能允许店员给孩子换个新的吗？"

这个问题让高层们局促不安，他们知道答案：大概不会吧。

这是因为他们的财务系统不会得出"一个十美元的调料罐可以带来十万美元收入"的结论。可以想象，现在的孩子就没有那么幸运了，会两手空空地被请出商店。

我想表达的是：评估收益和损失的方法不止一种。在各种层面上，制度都可以适当网开一面，也应该这样做。

母亲还保留着那个价值十万美元的调料罐。对我们来说，迪士尼乐园的员工替我们换货的那天美妙极了……对迪士尼来说也不错！

踏实比时髦更好

我一向认为踏实的人胜过时髦的人,因为时髦是短暂的,踏实才是长久的。

人们大大低估了踏实,因为踏实存在于内心,时髦却能用表象吸引你的注意。

"时髦"的人喜欢模仿,但是没有什么模仿的东西是永恒的,对吧?对于那些能够影响几代人的踏实认真的人,我有更多的尊重,连时髦的人都觉得有必要模仿他们的作为。

说起踏实这种品质,代表人物就是经过努力成为鹰级童子军[①]的人。我在面试时,每当遇上曾经是鹰级童子军的候选人,几乎总会选他。我知道他有踏实的品格,这比热衷追求时髦更重要。

想一想,你十四岁的时候能做的事当中,成为一名鹰级童子

---

① 美国童子军体系中的最高级别。

我的衣服没有变过

军几乎是唯一一件在五十岁时依然能写上简历的事,而且仍然令人钦佩(我一直踏踏实实,但从来没能成为鹰级童子军队员)。

顺便说一句,时尚就是经过商业包装的时髦。我对时尚毫无兴趣,这也是我很少买新衣服的原因。其实,时尚的东西都会过时,然后又重新流行起来,这仅仅是因为一小部分人认为什么好卖而已。对我而言,这种行为太夸张了。

父母教育我:等你的旧衣服穿坏了,再去买新衣服。看过我最后的演讲的穿着的人都知道,我一直遵循着这条建议。

我的衣服一点儿也不时髦。它是那种踏实的风格。穿着这些,我也生活得挺好。

是的，兰多夫

母亲总是叫我"兰多夫"。

她是在大萧条时期长大的，就在弗吉尼亚州的一家小奶牛场里，总是担心晚饭没有足够的东西吃。她叫我"兰多夫"而不是"兰迪"，因为它听起来像是个有格调的弗吉尼亚人的名字。这可能也是我排斥和讨厌这个名字的原因。谁会想叫这个啊？

然而母亲还是坚持这么叫我。我十几岁的时候曾经质问过她："您真的认为，您的命名权比我的自我认知还重要吗？"

"是的，兰多夫，我是这么认为的。"她说。

好吧，至少这下我们知道彼此的立场了。

等到上大学的时候，我可受够了。她写给我的信上，收件人的名字都是"兰多夫·波许"，我会在信封上潦草地写下"此地址查无此人"，然后把信原封不动地给她寄回去。

母亲做出了很大的让步，开始把收件人写成"兰·波许"。

我和妈妈在沙滩上

这样的信我都打开了。不过我们后来打电话时,她就会故态复萌:"兰多夫,收到我们的信了吗?"

现在,过去了许多年,我已经放弃了。我在许多事情上都非常感谢母亲,所以如果她想一有机会就用那个多出来的"多夫"让我苦恼一下,我也是乐于承受的,毕竟人生苦短。

随着时间的流逝,我的生命也所剩无多,投降不知为何就成了正确的选择。

* * *

读研究生的时候,我养成了在餐桌旁往后靠在椅子上的习惯。每次回父母家,我都会这么做,母亲总是为此斥责我。"兰多夫，你会把椅子弄坏的！"她会这么说。

我喜欢坐在椅子上向后靠，这样很舒服，而椅子只靠两条腿立着好像也没什么问题。所以，吃饭的时候，我一次又一次地向后靠，她也一次又一次地斥责我。

有一天，母亲说："别再往后靠椅子了。这是我最后一次警告你。"

"最后一次警告"在我听来倒可以接受，所以我提出我们签订一份合同——一份母子间的书面合同。如果我把椅子弄坏，我要换掉的可不仅仅是这把椅子……为了吸引她和我达成协议，我提出可以更换整套餐厅家具。（一套使用了二十年的家具不可能只换一把椅子。）但是，在我真的把椅子弄坏之前，妈妈都不能再教训我。

当然，妈妈说得对，我确实给了两条椅子腿太大的压力，但是我们都认为这个协议能够避免争吵。如果造成损坏，我会承担责任。如果椅子腿断了，她就可以说"你应该听妈妈的话"了。

椅子一直没有坏。不论我何时回到家，把身子向后靠在椅子上，这个协议都依然有效。我们之间不再为这个问题争吵。事实上，整个氛围都改变了。虽然不能说她甚至在怂恿我向后靠，但我认为她早就看中一套新的餐厅家具了。

从不抱怨的桑迪和杰基

太多人一辈子都在不停抱怨。我一直认为,如果你把抱怨的精力拿出十分之一来解决问题,事情的结果就会超乎你的想象。

我在生活中认识几个从不抱怨的人。其中一个是我研究生时期的房东桑迪·布拉特。他年轻时,有一次正在往大楼地下室卸货,卡车突然开始倒车,撞上了他。他跟跟跄跄地向后跌下台阶滚进了地下室。"你摔了多远?"我问他。他的回答很简单:"够远了。"他四肢瘫痪,余生都是这样了。

在那之前,桑迪是一位特别优秀的运动员,事故发生时他已经订了婚。他不想成为未婚妻的包袱,所以对她说:"我们以前没想过这样的情形,如果你想退婚,我能理解,不要有负担。"于是她离开了。

我认识桑迪时,他已经三十多岁了,他的人生态度让我惊叹。他全身散发着一种令人不可思议的"从不抱怨"的气质。

他努力学习，获得了婚姻咨询师的许可证，还结了婚，领养了孩子。他能平静地谈论自己的身体缺陷。有一次他对我解释道，温度变化对四肢瘫痪的人来说格外难受，因为他们无法颤抖。"把那张毯子递给我，兰迪。"他说，然后没有多说什么。

在从不抱怨的人中，我最欣赏杰基·罗宾森，他是第一个进入职业棒球大联盟的非裔美国人。他承受的种族歧视是现在许多年轻人无法想象的。他知道他必须比白人打得更好，知道自己必须更加努力，也正是这么做的。他发誓不抱怨，即便球迷们向他吐口水。

我曾经在办公室里挂着一张杰基·罗宾森的照片，但许多学生都不认识他或者不怎么了解他，这让我很伤心。许多人甚至都没有注意过这张照片。这些年轻人从小看彩色电视长大，他们不会花很多时间看一张黑白照片。

这太糟糕了。这世上没有能与杰基·罗宾森和桑迪·布拉特这类人相媲美的榜样了，他们的故事告诉我们：抱怨不是什么好策略。我们的时间和精力有限，浪费在抱怨上不可能帮助我们实现目标，也不会让我们变得开心。

治标与治本

几年前,我和一位可爱的年轻女子约过会,她欠了几千美元的债务,因此压力很大。每个月她的债务上都会增加利息。

为了缓解压力,她每个周二的晚上都去上冥想瑜伽课。她只有周二晚上有空,还说这些课程好像有帮助。她会吸一口气,想象自己找到了解决债务问题的办法;再呼一口气,告诉自己财务问题有一天会解决的。

她每个周二都这样,循环往复。

终于有一天,我和她一起检查了一下她的财务状况。我发现,如果她花四五个月的时间,每个周二晚上做一份兼职的话,就能把债务还清。

我告诉她,我对她的瑜伽冥想没有任何意见,但认为她最好先把自己的病根解决了。她的症状是压力和焦虑,而实际的病根在于她的债务。

"为什么你不在周二的晚上找份工作,暂停一下瑜伽课呢?"我提议。

她仿佛醍醐灌顶,接受了我的建议,在周二晚上找了一份服务员的工作,很快就还清了债务。在那之后,她再去做瑜伽时,就能真正轻松地呼吸了。

和别人一起工作

我发现，不少人每天都要花很多时间，担心别人对他们的看法。如果不那么在意别人在想什么，我们的生活和工作效率会提高三分之一。

我是怎么得出这个数字的呢？我是个科学家，喜欢精确的数据，即便这个数据无法证实。我们姑且就采用这个数据吧。

我曾经告诉研究团队里的每个人："你永远都不用担心我在想什么，无论我在想好事还是坏事，都会跟你说的。"

这就意味着，如果我对什么事不满意，就会有话直说，说出口的话也并不总是那么委婉。但是从积极的一面看，我可以对别人保证："如果我没说什么的话，你也就没什么好担心的。"

学生和同事们习惯之后，也喜欢这种做法，不再浪费时间揣摩"兰迪在想什么"了。因为大部分时候，我想的都是：我团队里的人比别人的效率要高三分之一。这就是我的想法。

*　*　*

和别人一起工作时就像是我们坐在一起,手里各有一副扑克牌。我总有一种冲动,想把我的牌都放在桌上亮出来,然后对团队里的人说:"好了,让我们一起想想这手牌该怎么打吧。"

在职场和家庭生活中,能够在集体中好好工作是至关重要、不可或缺的技能。为了教会学生这一点,我总是把他们分为几组来完成项目。

过去几年中,我一直很注重提升团队的合作氛围。每学期的第一堂课,我会把学生分成十二组,每组四人。然后,在第二堂课上,我会发给他们一份一页长的阅读材料,上面写着"团队合作成功提示"。我们一条条地看那些小提示。有些学生会翻白眼,认为我的提示太简单了。他们觉得自己知道该怎么和他人合作;他们在幼儿园的时候就会了,所以不需要那些小儿科的建议。

但是有自知之明的学生会接受这些建议。他们知道我想教他们一些基础的东西。这有点儿像格雷厄姆教练上训练课时不带橄榄球一样。我的建议如下:

得体地打招呼:与别人初次见面时都应该自我介绍,然后交换联系方式,确保能把每个人的名字读对。

找到共同点：你总是能与另一个人找到共同点的，从共同点出发，想解决分歧就简单多了。对体育运动的喜爱不分种族和贫富。如果实在找不到共同点，每个人面对的天气总是相同的。

努力创造最理想的会面条件：确保没有人感到饥饿、寒冷或是疲惫。尽量在吃饭时见面，食物能让会面变得友善。这也是在好莱坞人们喜欢"一起吃午餐"的原因。

让每个人都有说话的机会：不要打断别人的话。说话时声音越大或是速度越快，并不代表你的想法越好。

一开始就不要太自我：当你们在讨论点子时，把点子归类并记录下来。归类时应按照内容，而不是按照提出点子的人，比如应该记为"关于桥的点子"，而不是"简提出的点子"。

互相称赞：说些好听的话，有点儿勉强也无所谓。即使是最糟糕的点子，只要努力寻找，总能找到闪光点的。

用问句提议：不要说"我认为我们应该做甲而不是乙"，试着说"我们做甲不做乙，怎么样"。这可以让别人提出自己的看法，而不是捍卫哪一个选项。

在那节课的最后，我对学生说，我发现了一个很好的点名方法。"按组点名对我来说更轻松。"我说，"第一组请举手……第二组？"

我点到哪一组，哪一组就举手。"你们注意到什么了吗？"

我问。没有人回答,所以我又按组点了一次名。"第一组?……第二组?……第三组?……"整间教室里的人又举了一次手。

有时你得制造一些拙劣的戏剧效果来和学生们打破僵局,特别是在他们自认为了如指掌的那些事情上,所以我这样做了:

我继续按小组点名,直到最后提高了音量。"你们究竟为什么还和朋友坐在一起?"我问,"为什么不和你们的组员坐在一起?"

有些学生知道我发火只是为了制造效果,但是每个人都开始重视我的话。"我马上会走出这间教室,"我说,"六十秒后就会回来。当我回来时,我希望你们能按组坐好!都明白了吗?"我大摇大摆地走了出去,能听到教室里学生们拿起书包,重新按组落座,一片惊慌失措。

回到教室后,我解释道,我之所以发给他们关于团队合作的小提示,并非质疑他们不聪明或不成熟。我只想让他们知道,他们忽略了一件简单的事——他们需要和自己的搭档坐在一起——所以他们肯定也能从其他的基本提示中受益。

在下一堂课中,以及这个学期剩下的所有时间里,我的学生(没有一个是笨蛋)总是按组坐在一起。

切中要害的陈词滥调

这是以前我从乔恩·斯诺迪那儿得到的好建议,他是我在迪士尼幻想工程时期的偶像。他说这句话的方式让我着迷。"只要你等得足够久,"他说,"总能在别人身上发现让你吃惊的闪光点。"

他是这样想的:如果有人让你感到挫败、让你生气,可能只是因为你还没有给他们足够的时间。

乔恩提醒我,这有时会需要很大的耐心——甚至需要几年的时间。"但最终,"他说,"人们会让你看到他们的优点。每个人都是有优点的,只要耐心等待,就一定能找到。"

* * *

……试试,再试试。这是一句陈词滥调。

我喜欢陈词滥调,有很多都喜欢。我对这些老套的说法抱有很大的尊重。在我看来,人们一次又一次地重复陈词滥调,正是因为它们往往切中要害。

教育工作者不应该害怕使用陈词滥调。为什么呢?因为这些话大多数孩子们没听过!这对他们来说是全新的,能给他们带来启示。我已经在课堂上屡试不爽。

和带你去舞会的人跳舞。这是我父母总是对我说的陈词滥调,而这句话不仅仅适用于舞会。在商界、学术界和家里,这句话都应该被奉为箴言,提醒人们要懂得忠诚和感激。

幸运就是当机会遇到有准备的人。这句话是出生于公元前五世纪的古罗马哲学家塞内加说的,至少可以再传颂两千年。

你能不能做到,取决于自己的想法。这也是我对新生必说的陈词滥调。

另外,林肯夫人,那场戏怎么样?[①] 我拿出这句话,是想提醒学生不要关注一些不重要的细枝末节,忽略重要的整体。

我也很喜欢流行文化中的陈词滥调。我不介意我的孩子们看《超人》,并不是因为超人又会飞又强壮,而是因为他为了"真理、正义和美国精神"而战。我爱死了那句台词。

---

①这是假设美国总统林肯在看戏时遭到刺杀后,某人对林肯夫人说的一句话,说明说话人的关注点是错误的。

我还喜欢《洛奇》这部电影,连里面的主题曲都很喜欢。《洛奇》第一部里我最喜欢的一点,就是洛奇不在乎他有没有赢得结尾的那场比赛,他只是不想被打倒。这就是他的目标。在我治疗过程中最痛苦的时刻,洛奇激励着我,他提醒我:意义不在于你出的拳有多重,而在于你挨的拳有多重……以及是否能继续前进。

当然,在所有的陈词滥调中,我最喜欢和橄榄球相关的那些话。同事们经常看到我在卡耐基·梅隆大学的走廊里踱步,手上颠着橄榄球。这能帮助我思考。他们大概认为和橄榄球相关的比喻也有同样的效果。但有的学生觉得难以适应。他们想和我讨论计算机算法,我却在说橄榄球。"对不起,"我对他们说,"但是你们去学一些橄榄球的基础知识,比我学一套新的陈词滥调来得容易。"

我希望我的学生能为了吉佩赢一回[①],能身体力行,能保持高昂的斗志,能在球场上前进,能避免代价高昂的失球,能在逆境中赢得比赛,即便这意味着他们会在周一感到筋疲力尽。我的学生们知道:这无关输赢,而在于你是怎样践行这些陈词滥调的。

---

① 这句话来源于橄榄球运动。吉佩是克努特·罗克尼手下的明星球员,在他去世后,球队状态不好时,罗尼克会用这句话激励球员。

墙之所以存在是有原因的

高三的时候,我申请了布朗大学,但是没有成功,他们把我放在了候补名单里。我不停地给招生办公室打电话,一直打到他们最后觉得干脆还是录取我为止。他们见识到了我有多么想进这所大学。是坚持帮助我翻越墙,渡过了难关。

直到快从布朗大学毕业,我都没有想过要读研究生。家里人都是读完大学就去找工作了,不会继续深造。

但是我在布朗大学的导师"荷兰叔叔"安迪·范·达姆建议我"读个博士学位,去当教授"。

"我为什么要这么做呢?"我问他。

他说:"因为你太擅长推销了,如果去企业工作,他们肯定会让你当推销员。不让你推销有价值的东西太可惜了。你还是做教授去推销教育吧!"

我永远感激他给我的这个建议。

安迪让我申请卡耐基·梅隆大学，他有很多优秀的学生都去了那里。"你肯定能进去的，不用担心。"他说，然后给我写了一封推荐信。

卡耐基·梅隆的老师读了那封热情洋溢的推荐信，看了看我还过得去的平时成绩，还有平庸的研究生入学考试成绩，又看了看我的申请。

然后，他们拒绝了我。

有其他学校的博士项目录取了我，但是卡耐基·梅隆大学并不想要我。所以我走进安迪的办公室，把拒绝信放在了他的桌上。"我想让您知道卡耐基·梅隆有多看重您的推荐。"我说。

拒绝信才放到他桌上没几秒，他就拿起了电话。"我会搞定的，会让你被录取的。"他说。

但是我阻止了他。"我不想以这样的方式被录取。"我对他说。

我们说好，我先去看看那些录取我的学校，如果我一个都不喜欢，就回来找他，到时候我们再谈。

结果那些学校都不适合我，我很快就回去找了安迪，对他说，我已经决定不读研究生了，直接找工作。

"不不不。"他说，"你必须读博士，而且必须是在卡耐基·梅隆读。"

他拿起电话,给卡耐基·梅隆大学计算机科学系的主任尼科·哈伯曼打了个电话,碰巧他也是荷兰人。他们用荷兰语聊了一会儿我的事,然后安迪挂上电话,对我说:"明早八点到他的办公室。"

尼科是个讲究的人,是那种老派的欧洲学者。显然,他之所以见我,只是给他的朋友安迪一个面子罢了。他问我,既然系里面已经对我进行过评估了,为什么他还要考虑录取我。我小心翼翼地说:"在你们上次评估我之后,我又获得了海军研究办公室的全额奖学金。"尼科严肃地回答道:"有没有钱并不是我们录取标准的一部分,我们有研究资金用来资助学生。"然后他瞪着我,更准确地说,他是看穿了我。

人的一生中总有几个关键时刻。一个人如果事后回想起来,能分辨出这样的时刻是人生的转折点,便算是幸运的了。而我当时就知道自己处于这样一个时刻。年少轻狂的我尽力表现出尊重,说道:"对不起,我想说的并不是钱,而是这个奖学金全国只有十五名获得者,所以我认为这是一种荣誉,如果这样说冒犯了您,我道歉。"

这是我能给出的唯一的回答,但也是事实。尼科的表情慢慢地松弛下来,我们又谈了一会儿。

与其他几位教师见过面之后,我后来终于被卡耐基·梅隆大学录取了,并最终获得了博士学位。能越过这道墙,是因为有导师的巨大助力,也是因为我曾经真诚地"卑躬屈膝"。

在做最后的演讲之前,我从未告诉学生或是同事,我曾被卡耐基·梅隆拒绝过。我在害怕些什么?是害怕他们认为我不够聪明、不配与他们交往,还是害怕他们会不那么重视我了?

在人生的最后阶段揭露一些秘密真是有意思。

这个故事我早就该讲了,因为它告诉我们:如果你真的特别想要什么东西,永远都不要放弃(如果有人提供帮助,就接受)。

墙之所以存在是有原因的,一旦你翻过这样的墙——即便是有人结结实实地推了你一把——要告诉别人你是怎样做到的,这对别人也有帮助。

第一只企鹅

当你没能达成心愿时,你收获的就是经验。

这是我休学术假期间在电子游戏制造商——美国艺电公司学到的一句话。这句话让我难以忘怀,后来我一次又一次地对学生重复。

每次遇上砖墙或是失望时,我们就要想想这句话。它还提醒着我们,失败不仅是可以接受的,往往还不可或缺。

在教授"构建虚拟世界"这门课时,我鼓励学生们尝试做些困难的事情,不要担心失败。我想奖励这种思维方式。所以在每学期末,我都会奖励一组学生一个毛绒玩具——企鹅。这叫"第一只企鹅奖",颁给冒着最大风险尝试新想法或新技术的那一组,虽然他们并没有完成既定目标。这个奖本质上旨在奖励"光荣的失败",鼓励创造性思维和大胆的想象。

其他学生也明白了:获得"第一只企鹅"奖的失败者未来

注定有所建树。

一群企鹅准备跳进可能潜伏着捕食者的水中时，总有企鹅得第一个跳进去，这个奖的名字就来自这里。我最初管它叫"最佳失败奖"，但是失败这个词负面含义太重，学生们接受不了。

过去几年中，我一直对我的学生强调，娱乐产业中有无数的失败产品。这和盖房子不一样，你盖了房子总有人住，但是开发出的电子游戏却可能无法通过研发阶段，或是在推出后无人问津。是的，成功的电子游戏开发者很受重视，但是那些失败的人也不会被忽视——有时甚至会受到更多的重视。

创业公司往往更喜欢雇佣有创业失败经历的首席执行官，因为失败过的人往往知道如何在以后避免失败，而只经历过成功的人可能更难发现陷阱。

如果你非常想要某一样东西，而你努力过了却没有得到它，那么你收获的就是宝贵的经验，而经验往往是你能提供的最有价值的东西。

乐观主义者的灯泡

我向来觉得需要为各种情况做好准备。当我离开家时，需要带些什么呢？当我给学生上课时，得事先准备好回答哪些问题呢？当我为家人安排没有我的未来时，需要准备好哪些文件呢？

我的母亲还记得带我去杂货店时的情景，那时我七岁。她和我来到收银台，才想起忘了拿购物清单上的几件东西。于是她把我和手推车留在原地，然后跑去拿那几样东西。

"我马上回来。"她说。

她离开的几分钟里，我已经把所有东西都放上了收银台的传输带，送到了收银员跟前。我待在那里和收银员大眼瞪小眼，她和我开了个玩笑。"你有钱给我吗，孩子？"她说，"我是要收钱的。"

我没有意识到她只是在开玩笑，所以我站在那里手足无措，局促不安。

等妈妈回来的时候，我很生气。"你把我丢在这儿，也不给我钱！那位女士跟我要钱，我却没有钱给她！"

现在我是个成年人了，钱包里的现金从来都不会少于两百美元，以备不时之需。当然，我的钱包可能会丢，也可能被偷，但是对于一个有正常收入的人来说，两百美元的风险还是值得冒的。相比之下，当你需要用钱时手头却没有现金，可能是一个更大的问题。

我总是钦佩那些准备过于充分的人。在大学时，我有一个同班同学叫诺曼·梅罗维茨。有一天，他用教室上方的投影仪给我们做演示。演讲过程中，投影仪的灯灭了，听众发出了清晰可闻的抱怨声。我们得花十分钟才能找到新的投影仪。

"没事。"诺曼说，"不用担心。"

我们看着他走过去翻了翻背包，拿出了什么东西。他给投影仪带了一个备用灯泡。谁能想到他会带这个？

我们的教授安迪·范·达姆正好坐在我旁边。他凑近些对我说："这个人会成功的。"他说对了。诺曼成了宏媒体公司[①]的高管，他在那家公司做出的成就几乎影响了现在的每一位互联

---

① Macromedia 公司成立于 1992 年，2005 年被奥多比（Adobe）公司收购。

网用户。

做好准备的另一个方法，就是凡事往坏处想。

诚然，我是个特别乐观的人，但是当我做决定的时候，总是会设想最坏的情况。我称之为"可能导致你被狼吃掉的因素"：做一件事可能面临的最坏的局面是什么？我会被狼吃掉吗？

无论出了什么乱子，你都得有应急计划，这样你才能当一个乐观主义者。我对很多事情都不担心，因为这些事一旦发生，我都有相应的对策。

我总是对学生说："当你在野外时，能依靠的只有你随身带的东西。"其实，这个野外是指除了你的家和办公室以外的任何地方。所以带上钱，带上维修工具，想象有狼要吃你，带上灯泡，做好准备吧。

吸引人们的注意

许多学生都特别聪明。我知道,他们步入职场后能开发出特别棒的新软件、动画和娱乐设备。我还知道在这个过程中,他们还有潜力让数百万人感到挫败。

工程师和计算机科学家并非总以"操作简单"为上。我们很多人都不擅长用简单的方式解释复杂的任务。看过录像机的使用说明书吗?那你就知道我说的让人感到挫败是什么意思了。

这也是为什么我想让学生们牢记,为他们的产品的终端用户着想是十分重要的。怎样才能让他们明白简单易懂的重要性呢?我想到了一个万无一失的方法来吸引他们的注意。

我在弗吉尼亚大学教"用户界面"这门课时,在第一堂课上,总会带来一台可以用的录像机。我会在教室前放一张桌子,拿出一把锤子,当众把录像机砸坏。

然后我会说:"当我们造出一些难用的东西,人们会很生气,气到一定程度就会想把它给砸了。我们可不想造出让别人想砸的东西。"

学生们看着我,我能看出他们感到震惊、困惑,还觉得有点儿好笑。这对他们来说很刺激。他们在想:"我不知道这个人是谁,但明天肯定要来看看他还有什么花招。"

我肯定令他们印象深刻。这向来是解决被忽视的问题的第一步。(我离开弗吉尼亚大学去卡耐基·梅隆大学时,我的朋友兼同事盖布·罗宾斯教授送了我一把锤子,上面的牌子上写着:"好多录像机,可惜时间不够!")

我在弗吉尼亚大学教过的学生现在都已经工作了。在他们到处开发新技术的时候,我希望他们能偶尔想起我挥舞锤子的样子,想想那些受挫的人们,提醒自己把东西做得简单些。

忠诚

二十世纪九十年代初期，丹尼斯·科斯格罗夫还在弗吉尼亚大学读本科时，就给我留下了深刻的印象。他在我的计算机实验室里表现优异，担任了操作系统这门课的助教，在修研究生课程，还是一个全优的学生。

好吧，是大部分课程为优，在"微积分Ⅲ"这门课上他挂科了。倒不是他学不好，而是因为他太专注于上计算机课、当助教、在我的实验室里当研究助理，连微积分课都没去上。

后来这成了一个大问题，他整个学期除了一门课不及格外，其他课全是优，而这已经不是第一次了。

新学期开始两周后，丹尼斯成绩的两极分化引起了学校某位院长的关注。他看过丹尼斯的入学考试和大学预修课的成绩，知道他有多聪明。在他看来，那个不及格完全是态度问题，不是能力问题。他想开除丹尼斯。但我知道丹尼斯为此连一次警告处分都没有受到过。他的"优"太多了，完全可以抵消这个不及格，从学术角度来说，我们甚至没理由让他停课。但是，这位院长还是找到一条牵强的规定，想要开除丹尼斯。我绝对要维护自己的学生。"你看，"我对院长说，"丹尼斯是没有尾翼的火箭，是我实验室里的明星学生。如果我们现在开除他，我们在这里所做的一切就没意义了。我们是来教书育人的。我知道丹尼斯未来一定会有所成就，我们不能就这样抛弃他。"

院长听了我的话不是很开心，在他看来，我还是个年轻教授，太一意孤行了。

然后我变得更加一意孤行。我开始采取一些策略。新学期已经开始，学校收了丹尼斯的学费。在我看来，这样的行为就是在告诉他学校欢迎他继续读书。如果我们在学期开始前开除他，他还能转去别的学校，但是现在已经太迟了。

我问院长："如果他为此请了律师怎么办？我可能就要给他作证了。你希望你的老师做出对学校不利的证明吗？"

院长有些惊讶。"你只是初级教师，"他说，"还没成为终身教授。为什么你要冒这么大风险来掺和这件事？"

"我告诉你为什么。"我说，"我想为丹尼斯作证，是因为我相信他。"

院长盯着我看了很久。"等你申请终身教授时，我会想起这件事的。"他说。换言之，如果丹尼斯再考试不及格，我的判断力就会受到严重的质疑。

"成交。"我对院长说。然后丹尼斯就留在了学校。

丹尼斯通过了"微积分Ⅲ"的考试，这让我们都很骄傲。毕业后，他成了计算机科学界一颗获奖无数的新星。在那之后，他也成了我的实验室和生活中的一员，也是爱丽丝项目最初的创始人之一。作为一名设计师，他编出了史无前例的程序，帮助年轻人更快上手虚拟现实系统。

丹尼斯二十一岁时，我为他据理力争；现在他三十七岁了，则要反过来帮助我。我将带领爱丽丝走向未来的重任交给了他，希望他能以科研人员的身份继续开发和实现我的这份遗产。

在丹尼斯需要帮助的时候，我帮助他实现了他的梦想……现在我需要他的帮助，他也会帮我实现我的梦想。

终身教授

我比普通人早一年获得了终身教授的职位,这似乎令其他年轻教师很钦佩。

"哇,你早早地就成了终身教授。"他们对我说,"你的秘诀是什么?"

我说:"很简单。随便哪个周五晚上十点打我办公室的电话,我会告诉你答案的。"(当然,这都是我成家之前的事了。)

很多人都想走捷径。我认为最好的捷径就是绕远路,其实就是两个字:努力。

在我看来,如果你比别人工作的时间更长,就能利用这段时间更加精通你的专业。这能让你更加高效,更加能干,甚至更加开心。努力工作就像是银行里的复利,回报会越来越多。

在工作之外,人生也是如此。成年后,我喜欢问那些老夫老妻的相处秘诀。他们都对我说了同样的话:"靠努力。"

失传的艺术

表示感谢是人们能为彼此做的最简单却也最有用的事之一。尽管我热爱高效率,我还是认为感谢信最好用传统的纸和笔来写。招聘人员和招生人员见过许多学有所成的全优学生的简历,但是他们很少见到手写的感谢信。

如果你只是一个成绩良好的学生,手写的感谢信至少能让你在未来老板或是招生人员的眼中提升半个档次,变成一个优秀的学生。如今手写的感谢信特别少见,所以他们会记住你。

我给学生们这条建议,并不是要培养他们工于心计,虽然我知道有人是这样理解的。我这么建议更多的是想提醒他们,我们在生活中可以做一些尊重人、体贴人的事,这样接受者会觉得感激,结果也会更好。

比如,我们本打算拒绝一个申请进入娱乐技术中心的年轻女士。她立志成为迪士尼梦想工程师。她的成绩、考试以及作品都很好,但是以中心的高标准来说还不够好。在把她的材料放到"拒绝"那一堆之前,我决定再看一遍,我注意到有两页纸中间夹着一张手写的感谢信。

这封信不是写给我或另一个主管唐·马里内利的,也不是给其他教师的,而是写给一位帮忙安排她过来参观的后勤人员。那位后勤人员并不负责筛选简历,所以这不是拍马屁,只是为了感谢一个她不认识的人,结果不小心把感谢信塞进了材料里。几周之后,这封信被我看到了。

我无意中发现她向别人表示感谢,仅仅因为这么做比较友善,这让我陷入了沉思。她的感谢信是手写的,这一点我喜欢。"这比她的材料能说明更多的事。"我对唐说。我又看了一遍她的材料,想了想她这个人。由于她的感谢信打动了我,我决定给她一个机会,唐也同意了。

她进中心,获得了硕士学位,现在已经是迪士尼梦想工程师了。我对她说过这个故事,现在她又把这个故事告诉了别人。

尽管我现在有许多事要做,还要治病,我还是尽量手写那些重要的感谢信,因为这是一件友善的事。你永远不知道当它到达别人的信箱后,会有什么奇妙的事情发生。

　　　　　　＊ ＊ ＊

我在弗吉尼亚大学成为终身教授不久,就把整个研究团队的十五个人带到迪士尼乐园玩了一周,以此向他们表示感谢。

一个教授同事把我拉到一边,对我说:"兰迪,你怎么能这么做呢?"或许他觉得我开了个先例,而以后要成为终身教授的同事未必愿意这样做。

"我怎么能这么做?"我反问道,"这些人拼命工作,帮我获得了世界上最棒的终身工作。我怎么能不这么做呢?"

于是,我们十六个人开着一辆大面包车南下去了佛罗里达。我们玩得很开心,也保证了娱乐和教育两不误。一路上,我们去了几所大学,参观了他们的计算机研究小组。

迪士尼之旅是我表达感激之情的方式。这是一份有形的礼物,它之所以完美,是因为我可以与关心的人分享这一段经历。

然而,并不是每个人都是那么容易感谢的。

安迪·范·达姆是我在布朗大学学习时的计算机科学教授,也是我人生最伟大的导师之一,他给了我许多充满智慧的指导,改变了我的生活。他的恩情我永远都无法偿还,所以只能把这份恩情传递下去。

我总对我的学生说:"出去走走,为其他人做一些别人为你做过的事。"开车带学生去迪士尼乐园,和他们谈谈梦想和目标——这就是我尽自己的努力所做的事情。

送巧克力饼干

我曾经当过学术审稿人,所以得请求别的教授去仔细阅读那些研究论文,然后再做出评价。这份工作很枯燥,令人昏昏欲睡,所以我想了一个主意。在寄出每份需要审阅的论文的时候,我都会附上一盒女童子军烤的巧克力饼干。"感谢你接下这个任务。"我会这样写,"附上巧克力饼干以示感谢,但是没有审阅论文之前请不要吃,否则就不公平了。"

这让人们会心一笑。我也从来不打电话催他们,因为他们桌上有一盒巧克力饼干,提醒着他们该怎么做。

当然,有时我也得发一封提醒邮件。但是当我提醒他们时,只需要说一句话:"你吃了那盒巧克力饼干了吗?"

我发现巧克力饼干是很好的沟通工具,也是对完成任务的甜蜜奖励。

道歉

道歉不是走个形式就可以的,道歉也不是认输。我总是对学生说:道歉时如果不能表现出最大的诚意,就是无用的。

不认真、不诚恳的道歉通常比不道歉还要糟糕,因为道歉的对象会觉得受到了侮辱。如果你和别人打交道时犯了错,就好比你们之间的关系染了病。好的道歉就像抗生素,而糟糕的道歉像是在伤口上撒盐。

在我的课堂上,小组合作至关重要,而学生之间的摩擦也无法避免。有的学生不愿意承担责任,还有的过于自负,看不起他们的搭档。到期中的时候,总是有人需要道歉的。如果学生们不愿意道歉,事情就会失控。所以按照惯例,我会跟他们谈谈道歉。

首先,我会提出有两种典型的糟糕的道歉:

1."对不起,我的行为伤害了你的感情。"(这是试图在情感上抚慰对方,但是明显不想给伤口上药。)

2."我对我的行为感到抱歉,但是你也应该为你的行为道歉。"(这不是道歉,而是让别人道歉。)

得体的道歉应该包含三部分:

1. 我做错了。

2. 伤害了你,我感到很抱歉。

3. 我该怎样弥补我的过失?

是的,有人会在第三个问题上占你便宜,但是大多数人会真心接受你为了和好所做的努力。他们会告诉你怎样用简单有效的方式来弥补,通常还会和你共同处理好这件事。

学生会问我:"如果我道歉了,而对方没有道歉呢?"我会对他们说:"这不是你能控制的事,所以别为这个烦恼了。"

如果别人欠你一个道歉,而你对他的道歉得体又真诚,你仍然可能在一段时间内得不到他的道歉。对方在你道歉的同时,调整好情绪也向你道歉的概率能有多高?所以耐心点儿。在我的职业生涯中,我看到过很多次学生道了歉,然后队友过了几天才有所回应。你的耐心一定会得到别人的感激,也会有所回报。

看看你的蜡笔盒

认识我的人有时会抱怨我这个人看问题非黑即白。

我的一个同事告诉别人："如果你想要黑白分明的建议，就去找兰迪，但如果你想要灰色地带的建议，就别去找他了。"

好吧。我确实是这样的，特别是年轻的时候。我曾说过我的蜡笔盒里只有黑和白两种颜色。这也是我喜欢计算机科学的原因，因为其中的大部分东西只有对和错两种状态。

但我现在已经明白，一盒好的蜡笔不会只有黑白两种颜色。但我还是认为，如果你活得正直，你的黑白两色会比其他比较微妙的颜色更早用完。

无论如何，不管什么颜色的蜡笔我都喜欢。

在最后的演讲中，我带了几百支蜡笔，希望每个人在走进礼堂时都能领一支。但是混乱之中，我忘记让工作人员在门口发蜡笔了。太遗憾了。我原本计划在谈论儿时梦想时，让每个人闭上眼睛，用手指触摸蜡笔——感受蜡笔的材质，包装纸的材质，蜡的材质。然后我会让他们把蜡笔举到鼻子前，好好闻一闻。蜡笔的气味能把你带回童年，不是吗？

我曾经见过一个同事让一群人用蜡笔做过类似的事，因此受到启发。在那之后，我总是在衬衫口袋里放一支蜡笔。每当我需要回到过去，就把蜡笔放到鼻子下面，狠狠闻一闻。

我喜欢黑色和白色的蜡笔，但这只是我的喜好罢了。每支蜡笔都有一样的力量，闻闻它的味道就明白了。

* * *

如果我只能给出三个字作为建议，那我会建议"说实话"。如果能多加两个字，那我会添上"总是"。我的父母教育我"什么样的人说什么样的话"，没有比这更好的说法了。

诚实不仅是种美德，还能提升效率。如果人人都说实话，你就可以省下重新核实的时间了。我在弗吉尼亚大学教书的时候，非常喜欢那里的诚实守则。如果学生因为生病需要补考，我不需要重新出一份试卷。学生只需要"保证"自己没和别人讨论过试题，我就可以给他原来那份试卷。

人们说谎的原因多种多样，通常是因为这样能更轻松地达到目的。但是,就像许多短期策略一样,长远看来它是低效的。你后来再遇上某人时,他们会记得你说过谎,还会告诉很多人。这就是关于说谎最有意思的一点。许多说过谎的人以为他们神不知鬼不觉……其实并没有。

认清自己的位置

有充分的证据显示，现在的年轻人越来越自以为是。我在我的课堂上就见证了这一点。

许多快要毕业的大四学生都有这样一种观念：他们应该找一份能让自己发挥创造天赋的工作。有太多人不愿意从基层做起。

我的建议一直是："能在收发室找到一份工作就该谢天谢地了。如果你真的找了份收发室的工作，你该做的就是成为整理邮件的好手。"

没人想听到这样的话："我不擅长整理邮件，因为这份工作配不上我。"没有什么工作是配不上你的。如果你连整理邮件都不会（或是不愿意），又怎么证明你能做好别的工作呢？

娱乐技术中心的学生获得实习或第一份正式工作后，我们通常会请公司向我们反馈他们的表现。他们的上司几乎从来不会对他们的能力或技术表达不满，但负面反馈确实存在，而且几乎都是在说这些新职员觉得自己大材小用，或是他们已经盯上角落里的大办公室了。

我十五岁时曾在一家果园给草莓锄草，那里的同事大多是打零工的。有两三个老师也在那里工作，利用放暑假的时间赚点儿零用钱。我对爸爸说，这工作配不上那些老师。（也许其实是想说，这工作也配不上我。）爸爸对我的斥责让我终生难忘。他认为体力活配得上任何人。他说他宁愿我努力工作，成为世界上最好的挖沟工人，也不愿我坐在办公桌后干着清闲的活儿，成为一个自以为是的精英主义者。

我回到了那块草莓地里。我还是不喜欢那份工作，但记住了爸爸的话，调整了自己的态度，干活儿的时候更努力了。

* * *

"好了，小教授，你能帮我们做什么？"

哈雷是这样和我打招呼的。二十七岁的哈雷是迪士尼幻想工程师，我在迪士尼休学术假的那段时间，他被派来指导我。

在那里，我的学历根本不重要。我成了漂泊异乡的旅行者，必须尽快挣到当地的货币。

这些年来，我常常跟学生讲述这段经历，因为这是关键的一课。

尽管我已经实现儿时的梦想，成了一名幻想工程师，但是却从学术研究实验室的领头羊变成了吵吵闹闹的池塘里一只多余的鸭子。我必须想办法让不合群的自己适应这里"不成功便成仁"的创意文化。

我参与了阿拉丁虚拟现实景点的项目，那时它在迪士尼的未来世界主题乐园中还处于测试的阶段。我与幻想工程师们一起采访游客，问他们是否喜欢这个项目，有没有感到头晕、失去方向感，或者想要呕吐。

一些新同事抱怨我太学术，在现实世界中行不通。他们说我太注重钻研数据，太坚持从科学的角度而非情感的角度看待问题。这是作为学术界骨干的我和作为娱乐业骨干的他们的对决。但最后，我想出办法改进了游客登上设施的方式，让每个人都能节约二十秒时间。这样才得到了那些对我心存怀疑的幻想工程师的肯定。

我讲述这个故事是为了强调，在从一种文化走向另一种文化时，你必须高度敏感——对于学生而言，则是从学校走向工作岗位。

我休假结束的时候，幻想工程师项目给了我一份全职工作。

经历一番痛苦挣扎之后，我还是拒绝了。教学的号召力实在太强大。但我已经能够完美地兼顾这两种身份，所以以另一种方式参与了迪士尼的工作：我每周为幻想工程项目提供一次咨询服务，并且开心地做了十年。

如果你能在两种文化间找到自己的位置，有时候就能同时享受双方的好处。

责任

在这个国家,我们的关注点往往放在人有哪些权利之上。这样也没错,但只谈权利不谈责任就没有意义了。权利不是凭空产生的,而是来自社群。作为交换,我们所有人对社群都有责任。有人说这是"社群主义"运动,而我管它叫常识。

我们许多人都丧失了这样的概念。在二十年的教授生涯中,我注意到越来越多的学生无法理解它。对他们来说,权利伴随着责任确实是个陌生的概念。

每学期伊始,我会让他们签一份协议,上面列出了他们的权利和责任。他们必须同意以小组的形式进行有建设性的合作,参加一些小组会议,给予组员真实的反馈。作为交换,他们有权利来到课堂上,展示他们的作品、获得别人的评价。

有的学生不愿接受我的协议。我觉得,这是因为我们成年人没有树立很好的榜样。例如,我们都认为自己有权享受陪审团的制度，很多人却不遗余力地逃脱担任陪审员的义务。

所以我想让学生知道，每个人都必须为享有的权利做出贡献，拒绝这样做的人可以用一个词形容——自私。

父亲以身作则地教会了我们这一点，但他也曾经寻找新的方式来教会他人。他还是少年棒球联合会的理事时，做过一件特别聪明的事。

他一直很难招到志愿裁判员。做这份工作不会收到任何感谢，部分原因是你每次对好球或是坏球做出判罚时，都会有孩子或家长言之凿凿地说你判错了。此外这工作还有些吓人，缺乏或者根本没有控制能力的孩子会向你挥动球棒，或者投出暴投，而你必须在那里站着。

总之，父亲想出了一个办法。他不再找成年人来当志愿裁判员，而是让年龄大一些的球员来给低年龄的孩子当裁判。他把当选裁判变成了一种荣誉。

这种做法带来了几个结果。那些当过裁判的孩子理解了这个工作有多么困难，后来极少再与裁判争执了。他们还觉得自己在帮助低年龄的孩子们，因此感觉很好。同时，年龄小一些的孩子也看到了年长的榜样是如何热爱志愿活动的。

我的父亲造就了一批新的社群主义者。他知道，当我们懂得为他人付出时，自己也会成为更好的人。

勇敢提问

父亲最后一次去迪士尼乐园时，曾经和我一起陪着四岁的迪伦等单轨列车。迪伦想坐在看上去很酷的火车头那儿，就坐在驾驶员旁边。热爱主题公园的父亲也觉得这很刺激。

"他们不让普通人坐在那里，真是太遗憾了。"他说。

"嗯。"我说，"爸爸，其实我以前做过幻想工程师，知道一个坐在最前排的窍门，你想知道吗？"

他说当然想知道。

我走向面带微笑的迪士尼单轨火车乘务员，问道："不好意思，请问我们三个人能坐在最前面吗？"

"当然，先生。"乘务员说道。他打开门，我们坐在了驾驶员的身边。生活中我很少见到父亲目瞪口呆的样子，但这一次见到了。"我说我知道一个窍门，"在我们加速奔向神奇王国的时候，我说，"又没说是什么复杂的窍门。"

有时候，你只要提问就好。

提问是我拿手的事情。有一次我鼓起勇气，联系了弗雷德·布鲁克斯——世界上最受尊敬的计算机科学家之一，而这件事让我引以为豪。二十世纪五十年代，布鲁克斯在美国国际商业机器公司（IBM）开始了职业生涯，接着又创建了北卡罗来纳大学的计算机科学系。除了这些伟大成就外，他还有一句在业内广为人知的名言："投入更多的人才来开发一个紧急项目只会让进度更慢。"（这就是现在的"布鲁克斯法则"。）

那时我快三十岁了，还没有见过他，所以给他发了封邮件说："如果我从弗吉尼亚开车去北卡罗来纳，您能拨冗和我谈三十分钟吗？"

他回复说："要是你开这么远的路来这里，我会给你不止三十分钟的时间。"

他和我谈了九十分钟，并成了我终生的导师。几年后，他邀请我去北卡罗来纳大学演讲。正是这趟演讲之旅给我的人生带来了最为重大的影响——我遇见了杰伊。

有时候，只要提问，你的梦想就有可能因此成真。

这些日子以来，由于时日无多，我已经更加擅长"提问"了。我们都知道，医疗报告的结果一般要等几天才能出来，而现在我不想把时间花在等报告上，所以总是在问："最快什么时候能

207

我们只须提问

拿到报告？"

"哦。"他们通常会说，"一个小时内应该可以给你。"

"好吧，"我说，"我问的这个问题很值！"

提出问题。只要提出来，你得到的"当然"的回复会比你想象的更多。

跳跳虎还是屹耳驴

我得知自己患了癌症后,一位医生给了我一些建议。"有一点很重要。"他说,"你得表现得好像你还要再活挺长一段时间。"

我早就这么做了。

"医生,我才买了一辆新敞篷车,做了结扎手术,你还想让我怎么做呢?"

你看,我不是不想接受现实,我在面对无法避免的事情时保持了一贯的清醒。我活得就像快要死掉一样,但同时,又活得像是我还会一直活下去一样。

有的肿瘤医生可以为病人预约未来六个月的治疗,这对病人来说是一个积极的信号,意味着医生认为他们能活这么久。有些身患绝症的人看着医生公告板上的预约卡,会对自己说:"我能坚持这么久,到时候,我就会有好消息了。"

赫伯特·泽是我在匹兹堡时的医生,他说他很担心那些过度乐观或者是不怎么了解状况的病人。另外，如果一些病人的朋友或是熟人告诉他们必须乐观，否则治疗就起不了作用，泽医生又感到沮丧——这些病人的健康状况已经很不好了，还要觉得这是因为他们不够乐观引起的，这让泽医生很痛苦。

我个人对乐观的看法是，它是一种精神状况，但以乐观的心态做一些具体的事情可以改善身体情况。如果你很乐观，就更能忍受痛苦的化疗，或者坚持寻找医疗方面的最新突破。

泽医生说我是他的模范病人，能在"乐观主义和现实主义之间找到健康的平衡"。他明白我试图接受患上癌症的现实，将其视为一种不同的人生经历。

我认为我的结扎手术也具有双重意义，既是合理的计生手段，又代表着我对未来的乐观态度。我喜欢开着新敞篷车四处兜风。我喜欢想象我找到方法战胜晚期癌症，成为百万分之一的幸运儿，因为即便无法做到，这样的心态也能帮我更好地度过每一天。

* * *

当我告诉卡耐基·梅隆的校长贾里德·科恩，我会做"最后的演讲"时，他说："请告诉大家怎样才能活得开心，因为在我的记忆中，你是个开心的人。"

我说："我可以谈谈，但这就像是让鱼谈论水的重要性。"

我的意思是，我不知道怎么才能活得不开心。我在生命最后的时光中还是活得开心，也会在剩下的每一天中保持快乐的心情，我不知道别的生活方式。

我很早就意识到了这一点。我们每个人都要做出选择，这在 A.A. 米尔恩的《小熊维尼》中的人物身上完美地体现了出来：你想做欢乐的跳跳虎，还是垂头丧气的屹耳驴？选一个吧。在跳跳虎还是屹耳驴这个伟大的辩题中，我选择了哪一方很明显。

我在自己的最后一个万圣节里就玩得很开心。我和杰伊还有三个孩子扮成了《超人总动员》里的人物。我在个人网站上放了一张我们一家的照片，让所有人看到我们是多么"神奇"的一家。孩子们看上去特别棒，我的假肌肉也让我看起来无人可敌。我解释道，化疗对我的超能力并没有太大的影响，许多人笑着给我发了邮件作为回应。

最近我和三个好朋友进行了一次短途的潜水运动，有我高中时的朋友杰克·谢里夫、大学时的室友斯科特·舍曼，还有我在美国艺电公司时的好友史蒂夫·西博尔特。我们都知道这个假期背后的潜台词是什么。他们是我人生不同阶段的朋友，他们聚在一起是要度过一个与我告别的周末。

化疗对我的超能力并没有太大的影响

我的三个朋友彼此并不了解，但是他们很快就建立了深厚的友谊。我们都是成年人，但是假期的大部分时间里都像十三岁一样。我们都是跳跳虎。

我们成功地避免了诸如"我爱你，兄弟"之类与我的病情相关的煽情对话。相反，我们只是开心地玩耍。我们追忆过往，整日游乐，互相开玩笑。（其实主要是他们开我的玩笑，因为"最后的演讲"之后，"匹兹堡的圣·兰迪"就名声在外了。他们了解我，他们可不吃这一套。）

我不会放下内心的跳跳虎。我就是看不到当屹耳驴有什么好处。有人问我希望在墓碑上写些什么，我回答道："兰迪·波许：他在确诊为癌症晚期后又活了三十年。"

我向你保证，我可以把那三十年过得乐趣无穷，但是如果我活不了那么久，那就把剩下不知还有多少的时间过得乐趣无穷。

别人的帮助

"最后的演讲"在互联网上传播开来之后,从儿时的邻居到许久以前的熟人,许多过去认识的人都联系了我。我很感谢他们温暖的话语和关心。

读到以前的学生和同事写的留言让我很高兴。一个同事回忆起他还不是终身教授时我给他的建议。他说我曾提醒他,系里领导的随便一句评论都要重视。(他记得我是这么对他说的:"当领导随口建议你考虑做点儿什么的时候,你就该想象他是在拿着皮鞭鞭策你了。")一个以前的学生发邮件给我,说我激励了他创建一个新的励志网站"别窝囊了,过得充实些",目的是帮助那些没能发挥出大部分潜能的人。这听起来有点儿像我的人生哲学,虽然我可能不会用这种说法。

仿佛是为了维持某种平衡,有些"没有改变"的人也联系了我。一个高中时我单相思的女孩给我写了封信,祝我身体好起来，然后温柔地提到当年她为什么嫌弃我这个书呆子。（她还不小心透露自己现在嫁给了一位真正的医生。）

还有成千上万个陌生人给我写了信，他们真挚而美好的祝愿一直支撑着我。许多人与我分享了他们和他们所爱的人是如何面对生死的，给了我许多建议。

一位丈夫在四十八岁死于胰腺癌的女士说，她丈夫的"最后的演讲"是对一小群人发表的，有她，有孩子们，还有他的父母和兄弟姐妹。他感谢了亲人们的帮助和关爱，回忆他们一同去过的地方，告诉他们这辈子什么对他最重要。这位女士说丈夫死后，心理咨询对她的家庭产生了很大的帮助："以我目前的了解，波许夫人和孩子们会需要倾诉、哭泣和缅怀。"

还有一位女士，她的丈夫死于脑癌的时候，他们的两个孩子仅仅只有三岁和八岁。她有些想法想让我传达给杰伊。"你能承受住这些难以想象的伤痛。"她写道，"孩子们会给你带来巨大的安慰和关爱，也会成为你每天早晨起床和保持微笑的最大动力。"

她还写道："兰迪还活着的时候，有人要帮忙就接受，这样你才能把时间省下来和兰迪共享。当兰迪不在了，有人要帮忙也要接受，这样你就能把力气花在重要的事情上。结识一些有同样遭遇的人，他们能安慰你和孩子们。"这位女士建议杰伊，等孩子渐渐长大，要保证他们有正常的生活。他们会有毕业典礼、结婚仪式，会有自己的孩子。"如果父母中的一方早早去世，有的孩子会认为生活中其他正常的事也不会发生了。"

一位四十出头的男士联系了我，他有严重的心脏病。他在邮件中跟我说了克里希那穆提的故事：他是一位印度的灵性导师，逝世于一九八六年。曾经有人问克里希那穆提，对一个将死的朋友说什么话最合适。他回答道："对你的朋友说，当他死去时，你的灵魂也有一部分随他一起死去了。无论他去哪里，你都会跟着去那里。他不会孤单。"在写给我的邮件中，他对我保证："我知道你不会孤单。"

一些名人看过演讲之后也联系了我，他们的建议和美好祝愿让我感动。新闻主播黛安娜·索耶采访了我，录像前她帮我分析，该留给孩子们怎样的试金石。她给了我一条特别棒的建议。我知道我会留给孩子们一些信件和录像，但是她告诉我，最重要的是要告诉他们，我与他们之间有具体而特殊的关联。所以我对此做了很多思考。我决定对每一个孩子说一些这样的事："我喜欢你大笑时头向后仰的样子。"我告诉了他们一些可以体会的具体事物。

我和杰伊的心理咨询师赖斯医生则帮助我寻找对策，避免在定期复查的压力下迷失自我，让我能保持开放的心态和积极的观念，全心全意地把重心放在家庭生活上。我这辈子常常怀疑心理咨询是否有效，现在无路可退了，才发现心理咨询的帮助是巨大的。我真希望自己能够走进癌症病房，把这个发现告诉那些想靠自己硬挺过去的病人。

* * *

许许多多的人写信和我谈论信仰的问题，我很感谢他们的来信和祈祷。

生养我的父母认为信仰是一件非常私人的事。我没有在演讲中谈到自己的具体信仰，因为我想讨论那些对所有信仰都适用的普世原则，想分享我在与别人交往的过程中的收获。

当然，其中有些人是我在教堂认识的。M. R. 凯尔茜和我去同一所教堂，我做手术后，她每天都来医院里陪我，连续来了十一天。自从我确诊后，我的牧师也一直在帮助我。我们在匹兹堡的同一个游泳池游泳。我得知自己已经是癌症晚期的第二天，我们刚好都在那里。他坐在泳池边，我在向跳水板上爬，我朝他眨眨眼，然后纵身跳了下去。

当我到达泳池边时，他对我说："你看上去挺健康的，兰迪。"我对他说："这是一种认知失调。我感觉很好，看起来也很好，但是昨天我们得知我的癌症复发了,医生说我还能活三到六个月。"

自那以后,他就在和我讨论如何把死亡前的准备做到最好。

"你有人寿保险对吧?"他说。

"是的,都买好了。"我对他说。

"你还需要情感保险。"他说。然后他解释说,情感保险的保险金得用时间来支付,而不是金钱。

为此,他建议我花些时间把和孩子们在一起的画面录制下来,这样就能记录我们是如何一起玩耍、一起欢笑的。许多年之后,他们能看到我们相处时多么随意轻松。他还告诉我,我可以为杰伊做些具体的事,来留下我对她的爱的纪念。

"如果你趁现在身体不错的时候支付了情感保险的保险金,未来的几个月里压力就会小很多,"他说,"你会更平静。"

我的朋友、我爱的人、我的牧师、从未见过的陌生人,每一天我都在接受这些希望我变好、给予我精神鼓励的人的帮助。我看到了人性中最好的一面,也因此而感激。在人生的道路上,我从来没有感到过孤单。

最后的话

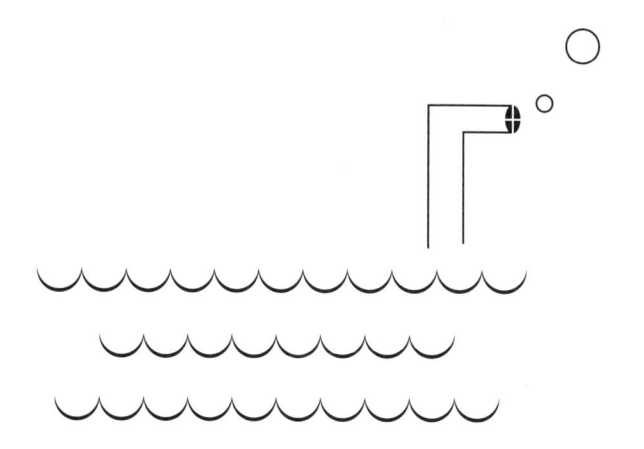

给孩子们的话

我想对孩子们说的话太多太多,但是现在他们还太小,听不懂。迪伦刚满六岁,洛根三岁,克洛伊才十八个月大。我想让孩子们知道我是谁,我一直以来的信念是什么,以及我有多爱他们。考虑到他们的年纪,这些他们大多数都难以理解。

我希望孩子们能懂得,我是多么不想离开他们。

我和杰伊还没有告诉他们我快去世这件事。别人建议我们,等到我的症状更明显时再告诉他们。现在,尽管只剩几个月的时间,我看起来还是很健康。所以我的孩子们还不知道,我与他们的每一次相处都是告别。

想到他们长大之后没有父亲陪伴左右,我就痛苦万分。当我在浴室里哭泣时,通常不是在想"我以后不能看到他们做这做那了",而是在想孩子们即将失去父亲这件事。比起我将要失去的,我更在意他们将要失去的。是的,我的悲伤中有一部分是"我以后不能，我以后不能，我以后不能……"，但更多的时候，我为他们感到悲伤。我不停地想"他们以后不能……他们以后不能……他们以后不能……"，每当我放纵自己的情感，这种悲伤就会吞噬我的内心。

我知道他们对我的记忆可能会有些模糊，这也是我要尽量和他们做一些让他们觉得难忘的事的原因，我希望他们对我的印象越深刻越好。我带迪伦去和海豚游了泳，孩子不会轻易忘记和海豚游泳的经历。我们还拍了许多照片。

我要带洛根去迪士尼乐园，我知道他会像我一样喜欢那里。他会去看米老鼠。我可以介绍他们认识。我和杰伊也会带上迪伦，因为没有哥哥的陪伴，洛根现在的每一段经历似乎都是不完整的。

每晚临睡前，我问洛根当天最开心的事是什么，他总是回答："和迪伦一起玩。"我问他当天最糟糕的事是什么，他也总是回答："和迪伦一起玩。"可以说，这就是他们的兄弟之情。

我知道克洛伊也许会对我完全没有记忆，她还太小，但是我希望她长大后知道，我是第一个深爱她的男人。我以前一直以为人们口中的父女之情言过其实，但现在我能告诉你，这是真的。有时，她只要看着我，我的心便化成了一摊水。

等他们长大后，杰伊有许多事情可以告诉他们。她可能会

制造与迪伦的回忆

说我有多乐观，我是怎样享受生活的，我对生活的高标准。她也可能委婉地告诉他们我曾经因为什么事大动肝火，告诉他们我在生活中太喜欢分析，常常（太常见了）坚持自己才是对的。她是个谦逊的人，远比我谦逊，所以她可能不会告诉孩子们，我是多么爱她。她也不会告诉他们她做过的牺牲。任何拥有三个年幼孩子的母亲都会把所有精力用于照顾孩子，而她还有一个身患癌症的丈夫，所以总是在满足别人的需求，顾不上自己。我想让我的孩子们知道，她这样照顾我们所有人是多么无私。

最近，我特别重视和那些年幼丧父或丧母的人交流。我想知道是什么支撑他们度过了艰难的时光，什么样的遗物对他们来说最有意义。

他们对我说，知道父母有多爱他们是莫大的安慰。他们知道得越多，感受到的爱就越强烈。

他们还想拥有为父母骄傲的理由，他们想相信父母是伟大的人。有的人在寻找父母点点滴滴的成就，有的人给父母披上了神话的外衣，所有人都渴望知道父母的特别之处。

这些人还告诉了我一些别的东西。由于对父母的记忆很少，如果他们知道父母是带着与自己的美好回忆去世的，就会倍感宽慰。

为此，我想让孩子们知道，我脑海里全是关于他们的回忆。

首先是迪伦。我欣赏他有爱心和同情心。如果别的孩子受伤了，迪伦会给他一个玩具或是一条毯子。

迪伦还有一点特质：就像老爸一样，他也喜欢分析。他已经发现问题比答案来得重要。许多孩子会问"为什么？为什么？为什么？"，然而我们家有一个规定，提问时不能只用一个词。迪伦喜欢这个规定。他喜欢用完整的句子提问，求知欲也超越了他的年龄。我记得幼儿园老师对他赞不绝口："当你和迪伦在一起时，你就会想，真想看看这孩子长大后是什么样子。"

迪伦还是好奇心之王。无论在哪里，他都会到处看，想着："嘿，那里有什么东西！我们去看一看，要不然摸一摸，再要不然就拆开来。"如果路边有道白色的尖顶栅栏，有的孩子会拿根棍子抵着栅栏，边走边发出"啪、啪、啪"的声响。迪伦会比他们更进一步。他用棍子把栅栏的一根尖桩撬松，然后用尖桩来敲栅栏，因为尖桩比棍子粗，声音也更好听。

而洛根把每件事都变成了探险。他出生时就卡在了产道里，两个医生用镊子才把他拉到了这个世界上。我记得其中一个医生当时把一只脚踩在桌上，用尽了全身的力气。中途，那个医生曾转过身来对我说："这要是不行的话，我还可以用链子和马把他拉出来。"

那对洛根来说很危险。由于他在产道中被紧紧地挤压了很久，刚出生时他的手臂不能动。我们都很担心，但只担心了一会儿。一旦能动之后，他就停不下来了。他身上充满了积极的能量，身体强健，善于和人交往。当他微笑时，整张脸上都绽放着笑容。他就是终极版的跳跳虎。他还愿意尝试所有的事，与每一个人交朋友。他现在才三岁，但是我估计他以后能成为大学兄弟会的外联部长。

相比之下，克洛伊就完全是女孩子的样子。这话我是带着点儿敬畏说的，因为在她出生前，我想象不出女孩子是什么样子。按照计划她应该是剖腹产的，但是杰伊的羊水突然破了，我们刚到医院不久，她就滑了出来。（这话是我说的，杰伊可能

洛根，终极版跳跳虎

认为"滑出来"这种词只有男人才说得出口！）不管怎样，对我而言，第一次抱着克洛伊，看着这个小女孩的面庞，是我人生中最激动的时刻，我的灵魂得到了升华。我感受到了我们之间的亲情，这与我和两个儿子间的亲情不一样。我现在也跟那些喜欢抓着女儿手指玩的父亲一个模样了。

我喜欢看着克洛伊。迪伦和洛根总是喜欢冒险，克洛伊和他们不一样，她小心谨慎，甚至有些过于小心了。我们在楼梯的上方装了一个安全门，但是她其实并不需要，因为她只关心不让自己受伤这一件事。我和杰伊已经习惯了两个男孩轰隆隆地跑下楼梯，丝毫不怕危险，养育克洛伊对我们来说是一种全新的体验。

我的女儿才十八个月，所以我现在没法对她说这个。等她到了合适的年龄，我想把一位女同事以前对我说的话告诉克洛伊，这对所有的年轻女士都是个好建议。其实，就算是和其他任何建议相比，这也是我听过的最好的建议了。

我的同事告诉我："我花了很长时间才搞明白。想要看清一个追求你的男人，其实很简单。你可以忽略他所说的话，只看他的行动。"

就是这样。克洛伊，就是这个道理。

仔细想一想，我觉得有一天，这条建议对迪伦和洛根可能也很有用。

我用不同的方式全心全意地爱着三个孩子,我想让他们知道,只要他们活着,我就会一直爱着他们。我会的。

但时间有限,我必须思考怎样增强我们之间的亲情,所以我要把自己和每个孩子之间的记忆分别列出来。我要制作视频,这样他们就能看到我亲口说出他们对我的意义。我要给他们写信。我还要把"最后的演讲"的视频——以及这本书——当作我遗产的一部分。我还有一个大塑料箱,里面装着我在演讲后的几周里收到的信件。总有一天,孩子们会想翻翻箱子,我希望那时他们能高兴地发现有人觉得演讲是有意义的,无论是朋友还是陌生人。

因为我一直在强调童年梦想的力量,所以最近一直有人在问我,对自己的孩子有什么梦想。

对这个问题,我有一个直截了当的答案。

家长对孩子有具体的梦想,可能会对他们造成破坏性的影响。作为一个教授,我见过太多大学新生完全选错了专业。父母把他们送上了这辆列车,而从我办公室里的哭泣声来看,结果常常是车毁人亡。

在我看来,父母的工作是鼓励孩子培养对生活的兴趣,激励他们去追寻自己的梦想。我们所能提供的最大帮助,就是让他们培养一套追寻梦想的方法。

所以我对孩子们的梦想正是如此：我希望他们走自己的道路，完成自己的梦想。鉴于我命不久矣，我想明确地说出来：孩子们，不要试图弄清我想让你们变成什么样，我想让你们成为自己想成为的样子。

看着曾经教过的那么多学生，我发现许多家长都没有意识到他们的话有多大能量。根据孩子的年龄和自我认知的不同，父母随口说的话对孩子的影响可能微不足道，也可能十分重大。我甚至不确定该不该提及洛根长大后会成为兄弟会外联部长这种话，因为我不想让他上大学后总想着我希望他加入兄弟会，或是成为兄弟会的领导，或是别的什么。他的人生是他自己的。我只会敦促我的孩子用热情和激情去寻找自己的道路，我希望他们觉得无论选择什么道路，我都一直陪伴着他们。

我和杰伊

所有对抗过癌症的家庭都知道,照顾病人的人总是无人关心。病人们可以只关注自己。他们还是被尊敬和同情的对象。照顾病人的人承担着重任,鲜有时间来顾及自己的痛苦和悲伤。

我的妻子杰伊就是照顾病人的人,另外她还有更多的人要照顾,她还有三个年幼的孩子。所以在为演讲做准备时,我下了一个决心。如果演讲成功,我打算用某种方式向所有人表达我对她的爱和感激。

我是这么做的:演讲快要结束时,我回顾了人生中的经验教训,提到关心别人而不是单单关注自己的重要性。这时,我看着台下,问道:"台下有关心别人的鲜活例子吗?我们可以请他出来吗?"

因为前一天是杰伊的生日,我准备了插着一支蜡烛的蛋糕,放在带滚轮的实验桌上,在台下候着。杰伊的朋友克丽·施吕特推着蛋糕走上台。与此同时，我对听众解释说，我没能好好地给杰伊过一个生日，如果能让四百人一起给她唱生日歌，或许是个不错的主意。他们鼓起掌，开始为杰伊唱歌。

"祝你生日快乐，祝你生日快乐……"

我意识到一些人可能不知道她的名字，马上补充道："她叫杰伊……"

"生日快乐，亲爱的杰伊……"

这实在太美妙了，就连被分流到旁边的房间、通过屏幕看我演讲的人们也唱了起来。

大家都在唱歌时，我终于鼓起勇气看了杰伊一眼。她坐在前排的座位上，擦着眼泪，一脸惊喜的微笑，看上去是那么可爱，又害羞又美丽，又愉快又激动……

* * *

我和杰伊讨论了许多我离开后她该怎样生活的事情。我的状况用"幸运"来形容可能有些奇怪，但我确实觉得自己有点儿幸运，毕竟我没有死于车祸。患上癌症之后，我还有时间和杰伊谈一些重要的事情，假如我死于心脏病或是车祸，就没有这样的机会了。

我们谈了些什么呢？

首先，我们都要尽量记住飞机上的安全指示是怎么说的，"先给自己戴上氧气面罩，再帮助别人"，这是最好的建议。杰伊是一个乐于奉献的人，以至于常常忘了照顾自己。当我们身心俱疲的时候，就无法帮助任何人，更别说是几个年幼的孩子了。所以每天花点儿时间独处，给自己充充电，这一点儿也不算软弱和自私的行为。以我做家长的经验来看，我发现有小孩子在场时，给自己充电是很困难的。杰伊知道她必须先把自己照顾好。

我还提醒她，她肯定会犯错，但只要接受这一点就好。假如我还活着，我们就会一起犯下这些错误。错误是为人父母的过程的一部分，她不应该把这些错误归结于她一个人抚养孩子的原因。

有些单身父母会陷入一个误区，试图用物质来补偿孩子。杰伊知道，物质并不能弥补失去父母一方的痛苦，反而会妨害孩子价值观的形成。

杰伊可能会像许多父母一样，发现最困难的几年就是孩子进入青春期的时候。我一辈子都在和学生打交道，常常想象有一天自己也会成为几个青少年的父亲。我会很严厉，但是也会理解他们的心态。所以到时候不能在一旁帮助杰伊，我觉得很遗憾。

但是，好消息是会有别人——朋友和家人——帮助她，杰伊也打算接受他们的帮助。所有的孩子都需要有人来关爱，特别是失去父母一方的孩子。我回想起我的父母，他们知道自己不会是我生命中唯一对我产生重大影响的人，这也是父亲要送我去跟着格雷厄姆教练打橄榄球的原因。杰伊会替孩子们寻找他们的格雷厄姆教练的。

至于那个显而易见的问题，我的答案是：

最重要的是，我希望杰伊在以后的日子里活得开心。所以如果她能再婚，再次找到幸福，那就太好了。如果她没有再婚，也能过得幸福，这也很好。

我和杰伊用心经营了我们的婚姻。我们很擅长沟通，能发现对方的需求和力量，发掘对方的可爱之处。所以我很难过，我们不能在未来的三四十年里共同享受美好的婚姻生活，也不能分期偿还目前为止我们所做的努力了。但是，这八年婚姻拿什么我们都不愿交换。

我知道目前我对自己的病情接受得还算坦然，杰伊自己也是。她经常说："没有人需要为我流泪。"她是认真的。但是我们也想坦诚一点儿。尽管心理咨询给了我们很大帮助，我们也有过艰难的时期。我们一起在床上流泪，然后入睡，醒来后又继续哭泣。我们之所以能挺过来，部分是由于我们得专注于手头的任务。我们不能垮。我们必须睡觉，因为第二天总得有一个人起来给孩子们做早饭。确切地说，这个人几乎总是杰伊。

我刚过了四十七岁生日，杰伊之前还纠结于"给爱人的最后一份生日礼物该是什么"。她选择了一块手表和一个大屏幕电视。尽管我不喜欢看电视，这是最浪费人类时间的发明，但这份礼物非常合适，因为最后我大部分时间会躺在床上。电视是我与外部世界最后的联系。

有的时候，杰伊也会说些我无法回应的话。她告诉我："我无法想象我在床上辗转反侧，而你却不在我身边。"她说："我无法想象我自己和孩子们度假，而你却不在我们身边。"她还说："兰迪，你总是计划周全，以后谁来制订计划呢？"

我并不担心，杰伊自己能计划好。

听众们对杰伊唱完生日快乐歌之后，我真的不知道自己该做什么、该说什么。但当我催促她上台，她向我走来之时，我突然有了一股自然而然的冲动。我猜她也一样。我们拥抱在一起，先是亲吻了彼此的嘴唇，然后我又亲了一下她的脸颊。听众一直在鼓掌。我们听到了掌声，却感觉它像从很远的地方传来。

我们抱着彼此，杰伊在我耳边低声说：

"请不要离开我。"

这听起来像是好莱坞电影里的话，但她就是这么说的。我只能抱得更紧。

梦想会降临到你身上

有好几天我都在担心，自己在说演讲的结束语时一定会哽咽。所以我制订了一个应急计划，把演讲的最后几句放到了四张幻灯片上。如果到时候我在台上无法说出这几句，就安静地点鼠标，播放这几张幻灯片，然后简单地说一句"多谢光临"。

我在台上才待了一小时多一点儿，但化疗的副作用、长时间的站立，还有激动的情绪都让我筋疲力尽。

但同时，我的内心平静又满足。我的人生圆满了。当初，八岁的我列出了童年的梦想清单。现在，正是这份清单帮助四十七岁的我说出了想说的话，让我坚持到今天。

许多癌症患者都说，疾病可以让他们从全新的角度感恩生命，有的人甚至说他们感谢自己得了病。我对我的癌症没有这种感激之情，但当然感谢它提前通知了我的死期。癌症除了让我为家庭的未来做好准备外，还给了我机会去卡耐基·梅隆大学,完成了"最后的演讲"。从这种意义来看,它允许了我"靠自己的力量离开球场"。

我的童年梦想清单一直发挥着各种各样的作用。没有这份清单,谁又知道我还能不能感谢所有值得感谢的人呢。最后,我还用这份小小的清单跟那些对我十分重要的人道了别。

清单还有别的作用。作为一个高科技从业者,我从来不能完全理解这些年来认识和教过的艺术家和演员。他们有时会说,自己内心有什么东西"需要倾诉"。我原来觉得这话听起来很任性。但我本应该更设身处地地理解他们。在台上的这一个小时教会了我一些事。(起码我还在学习!)我的内心确实有极度需要倾诉的东西。我做这场演讲不仅仅是因为我想,而是因为我不得不做。

我还知道,我的结束语过于煽情了,但在演讲的结尾,我必须提炼一下自己对人生最后阶段的想法。

在演讲快要结束时,我花了几分钟时间来回顾演讲中的几个关键点,然后给出了一个反转的结局,你也可以说是惊喜的结局。

"今天的演讲是关于实现童年梦想的,"我说,"但是你们发现其中的假动作了吗?"

我暂停了一下,礼堂里一片寂静。

"这不是讲如何实现你的梦想,而是如何引领你的一生。如果你正确引领你的一生,命运自会有其安排。你的梦想,自己会来找你。"

我切换到下一张幻灯片,屏幕上有一个大大的问题:"你发现第二个假动作了吗?"

我吸了口气,决定加快一点儿语速。如果我说得快一点儿,或许就能坚持把它说完。我重复了屏幕上的话。

"你发现第二个假动作了吗?"

然后我告诉他们,这次演讲不仅仅是为现场的人准备的,"也是为我的孩子们准备的"。

我切换到最后一张幻灯片,上面有一张我站在秋千旁的照片,右手抱着微笑的洛根,左手抱着可爱的克洛伊,肩上坐着开心的迪伦。

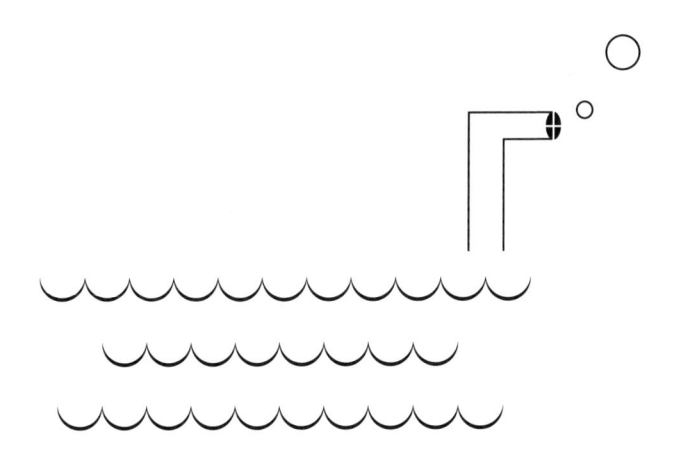

回忆

兰迪和他的狗，摄于 1965 年

兰迪在沙滩上玩，摄于 1965 年 7 月

兰迪、克洛伊和迪伦，摄于 2007 年 12 月

兰迪、克洛伊、洛根和迪伦近距离观察一只火鸡,摄于2007年11月

兰迪、史蒂夫·希伯特和杰克·谢里夫在去潜水旅行的路上，摄于2007年秋

兰迪在匹兹堡当地的肯尼伍德游乐园教迪伦赢毛绒玩具，摄于2007年夏

洛根喜欢拖着巨大的毛绒玩具满游乐园跑,摄于2007年夏

未来的科学家迪伦,摄于2007年12月

致谢

特别感谢鲍勃·米勒、戴维·布莱克和加里·莫里斯。尤其要感谢我们的编辑威尔·巴利埃特,感谢他无比的善良和正直;还有杰弗里·扎斯洛,感谢他无与伦比的才华和专业知识。

我想要感谢的人太多,在这一页中无法一一列举,所幸在网页上可以:可以访问 www.thelastlecture.com,看到完整的致谢和贡献名单。我的"最后的演讲"的视频也可在该网站观看。

胰腺癌将夺走我的生命。我与两个致力于对抗胰腺癌的组织合作过,它们是:

美国胰腺癌行动网

www.pancan.org

勒斯特加滕基金会

www.lustgarten.org

兰迪·波许（1960—2008）与杰弗里·扎斯洛（1958—2012）

悼念

兰迪·波许曾是卡耐基·梅隆大学计算机科学、人机交互及设计学科的教授。一九八八年至一九九七年间，他在弗吉尼亚大学教书。他是一位成果颇丰的教师和研究员，与奥多比、谷歌、美国艺电公司和迪士尼合作过，是爱丽丝编程教学软件项目的领头人。

杰弗里·扎斯洛曾是《华尔街日报》的专栏记者，曾经聆听"最后的演讲"，并将它写成故事，吸引了全世界的注意。他毕业于卡耐基·梅隆大学，是一名作家和高产的演讲者，他把书中传递的信息带给了很多读者。

尽管兰迪和杰弗里在《最后的演讲》一书出版后都已离世，但是他们的遗产通过读过这本书、观看过这场演讲的数百万人保存下来，或许可以激励他们在人生中真正实现童年的梦想。

图书在版编目（CIP）数据

最后的演讲 /（美）兰迪·波许，（美）杰弗里·扎斯洛著；吴笑寒译. -- 2版. -- 海口：南海出版公司，2023.6
ISBN 978-7-5735-0307-7

Ⅰ. ①最… Ⅱ. ①兰… ②杰… ③吴… Ⅲ. ①成功心理-通俗读物 Ⅳ. ① B848.4-49

中国版本图书馆 CIP 数据核字（2022）第 165036 号

最后的演讲
〔美〕兰迪·波许 〔美〕杰弗里·扎斯洛 著
吴笑寒 译

出　　版	南海出版公司　（0898）66568511
	海口市海秀中路51号星华大厦五楼　邮编 570206
发　　行	新经典发行有限公司
	电话(010)68423599　邮箱 editor@readinglife.com
经　　销	新华书店
责任编辑	侯明明
特邀编辑	杨　柳
装帧设计	韩　笑
内文制作	贾一帆
责任印制	史广宜
印　　刷	河北鹏润印刷有限公司
开　　本	850毫米×1168毫米　1/32
印　　张	8
字　　数	138千
版　　次	2023年6月第2版
印　　次	2023年6月第1次印刷
书　　号	ISBN 978-7-5735-0307-7
定　　价	58.00元

版权所有，侵权必究
如有印装质量问题，请发邮件至 zhiliang@readinglife.com

著作权合同登记号　图字：30—2017—137

The Last Lecture
By Randy Pausch with Jeffrey Zaslow
Copyright © 2008 Randy Pausch
Foreword copyright © 2012 Jai Pausch
All images courtesy of the author, with the exception of the photographs on pp.19 and 226, by Kristi A. Rines for Hobbs Studio, Chesapeake, Virginia, and the photograph on p.ii, by Laura O' Malley Duzyk.
All other photographs in the "Memories" section: Courtesy of Jai Pausch.
This edition published by arrangement with Hachette Books, an imprint of Perseus Books, LLC, a subsidiary of Hachette Book Group, Inc., New York, New York, USA through Bardon-Chinese Media Agency
Simplified Chinese edition copyright © 2023 THINKINGDOM MEDIA GROUP LTD., All rights reserved.